火力发电厂水汽检测及监督管理技术问答

华电电力科学研究院有限公司　组编

内 容 提 要

本书以问答的形式，对火力发电厂水汽检测及监督管理技术进行了全面的介绍。全书共分5章，内容包括基础知识、水处理技术、水质检测技术、大宗化学品检测技术、热力系统腐蚀结垢及化学清洗。

本书可供火力发电厂水汽检测与监督管理相关生产技术人员、管理人员学习参考，可为企业考试、现场考问等提供题库，也可供高等院校相关专业师生参考阅读。

图书在版编目（CIP）数据

火力发电厂水汽检测及监督管理技术问答 / 华电电力科学研究院有限公司组编. -- 北京：中国电力出版社，2022.4（2024.5重印）

ISBN 978-7-5198-6402-6

Ⅰ. ①火… Ⅱ. ①华… Ⅲ. ①火电厂－水汽－监测－问题解答 Ⅳ. ①TM621-44

中国版本图书馆CIP数据核字（2022）第003412号

出版发行：中国电力出版社
地　　址：北京市东城区北京站西街19号（邮政编码100005）
网　　址：http://www.cepp.sgcc.com.cn
责任编辑：赵鸣志（010-63412385）
责任校对：王小鹏
装帧设计：赵丽媛
责任印制：吴　迪

印　　刷：北京天宇星印刷厂
版　　次：2022年4月第一版
印　　次：2024年5月北京第二次印刷
开　　本：880毫米×1230毫米　32开本
印　　张：8.125
字　　数：215千字
印　　数：1501—2000册
定　　价：50.00元

《火力发电厂水汽检测及监督管理技术问答》

编 委 会

主　　编　王涛英　姬海宏

副 主 编　刘伟伟　陈　陈　范成英

参编人员　张　耀　俞　旷　冯蜜佳　胡　鑫

　　　　　廖永浩　李元斌　柏　杨　刘　金

　　　　　陈　浩　薛志鹏　徐军峰　吴　昱

前 言

随着电力工业快速发展，超临界及超超临界大型火电机组、循环流化床机组、燃气轮机和风力发电机组相继建成投产，新设备、新工艺、新材料广泛应用，促进了电力技术的快速发展，提升了发电企业的经济效益，对生产管理、技术管理、人员技术素质等提出了更高、更新的要求，同时也要求将原先基于生产运行经验的监督思路发展为科学分析的监督方法，由设备本身的监督转为生产全过程、全方位的监督。随着《水污染防治行动计划》的发布，国家将水污染防治问题提高到发展战略层面，要求电厂废水采用梯级利用，完全做到“废水零排放”，对水汽质量检测、水处理用大宗化学品验收、废水排放常态化监测提出了更高的要求。

本书参考国家及行业标准的相关内容，深入总结电厂生产中的实际问题，分为基础知识、水处理技术、水质检测技术、大宗化学品检测技术、热力系统腐蚀结垢及化学清洗五章，重点介绍了水分析基础理论和定量分析技术，电厂用水预处理技术，锅炉水处理技术，循环水处理技术，大宗化学品的性质、检测注意事项，热力系统腐蚀结垢的原因、机理、措施，化学清洗的种类及其注意事项等内容。

本书主要供火力发电厂化学检测及运行人员培训、学习使用，也可为化学专业人员掌握电厂化学基础知识、化学监督管理知识提供参考。

限于时间仓促和编者水平，书中不妥之处，恳请读者批评指正。

编者

2021 年 10 月

目　录

第一章　基础知识

1. 什么是原子质量、分子质量?

答: 原子质量分为绝对原子质量和相对原子质量。其中，绝对原子质量指 1 个原子的实际质量；相对原子质量是个比值，是指以一个碳 –12 原子质量的 1/12 为标准，任一原子的实际质量与一个碳 –12 原子质量的 1/12 的比值，称为该原子的相对原子质量。分子质量是组成分子的各原子的质量之和。

2. 什么是分子式？并举例说明。

答: 分子式是用元素符号表示分子组成及相对分子质量的化学组成式。例如，H_2O 表示水，表示一个水分子；表示水由氢、氧两种元素组成；表示一个水分子中含有两个氢原子和一个氧原子；表示氢与氧的质量比为 1 ∶ 8；表示水的相对分子质量 $=1\times 2+16=18$。

3. 什么是质量守恒定律?

答: 质量守恒定律指参加化学反应的各物质的总质量，等于反应后生成的各物质的总质量。

4. 元素化合价的定义及其实质是什么?

答: 一定数目的一种元素的原子与一定数目的其他元素的原子相结合的性质，称为这种元素的化合价。

化合价的实质如下：

（1）在离子化合物中，元素化合价的数值就是这种元素的一个原子得失电子的数目，即等于离子的电荷数。失去电子的原子带正电荷，这种元素的化合价是正价；得到电子的原子带负电荷，这种元素的化合价是负价。

（2）在共价化合物里，元素化合价的数值就是这种元素的一个原子与其他元素的原子形成共用电子对的数目。电子对偏向哪种元素的原子，哪种原子就显负价；电子对偏离哪种原子，哪种原子就显正价。

（3）元素的化合价是元素的原子处于化合态时才表现出来的性质；在单质中，元素的化合价为零。非金属元素显负价时不变价，显正价时往往变价，如氯离子显负价时只有 -1 价，显正价时则有 +1 价、+5 价、+7 价等。

（4）在化合物中，正、负化合价的代数和为零。写化合物分子式或检查分子式正确与否，以及根据化合物分子式求元素的化合价时，都要运用化合价的法则。

5. 什么是化学方程式？并举例说明。

答：（1）化学方程式表示一个化学反应中反应物和生成物是什么物质。例如合成氨的化学方程式 $N_2 + 3H_2 = 2NH_3$，表示氮气和氢气参加了反应，生成了氨。

（2）化学方程式表示反应物和生成物的质量比。例如合成氨的反应式中，N_2、H_2、NH_3 的质量比为 14∶3∶17。

（3）化学方程式表示反应物和生成物间分子数之比。例如，合成氨时，N_2、H_2、NH_3 的分子数之比为 1∶3∶2。

（4）化学方程式表示反应物、生成物之间气体物质在相同状态下的体积比。例如，合成氨时，N_2、H_2、NH_3 的体积之比为 1∶3∶2。

6. 物质的量的定义及其单位是什么？

答：物质的量是表示组成物质的基本单元数目多少的物理量，单位为摩尔（mol）。

（1）摩尔是一系统的物质的量，该系统中包含的基本单元数与12g C12 的原子数目相等。

（2）在使用摩尔这一单位时，应指明基本单元。基本单元可以是原子、分子、离子、电子或是这些粒子的特定组合。

7. 什么是物质的量浓度？等物质的量规则是如何定义的？

物质的量浓度表示 1L 溶液中所含溶质的物质的量，即

$$C_n=\frac{n}{V}$$

式中：n 为物质 B 的物质的量，mol；V 为物质 B 溶液的体积，L。

对于同一溶液，由于所选的基本单元不同，其物质的量浓度可能有不同的数值，例如

$$C(H_2SO_4)=1mol/L，C(1/2\ H_2SO_4)=2mol/L$$

等物质的量规则指在化学反应中，消耗的各种反应物及生成的各产物的物质的量相等。

8. 物理变化与化学变化的关系是什么？

答：物质的状态发生改变而没有生成新物质的变化称为物理变化，如水蒸发、碘升华、活性炭吸附某些气体等。

物质发生变化后生成了新的物质的变化称为化学变化（又称化学反应），如木柴燃烧、由铁矿石炼成铁等。

化学变化和物理变化往往同时发生，如点燃蜡烛时，蜡烛受热熔化是物理变化，蜡烛燃烧生成水和二氧化碳是化学变化。

9. 溶液浓度的定义及其常用的表示方法是什么？

答：一定量的溶液中所含溶质的量称为溶液的浓度。

化学分析中常用的溶液浓度表示方法如下：

（1）质量分数□。溶质的质量占全部溶液质量的百分比。

（2）体积分数□。溶质的体积占全部溶液体积的百分比。

（3）物质的量浓度 C。1L 溶液中所含溶质的物质的量，常用单位为 mol/L。

（4）质量浓度□。1L 溶液中所含溶质的量，常用单位为 g/L、mg/L、μg/L。

（5）体积比浓度（$A:B$）。A 体积的液体溶质与 B 体积水相混溶，两种液体的体积比记为 $A:B$。

（6）滴定度（$T_{s/x}$）。1mL 标准溶液（化学式为 S）相当于被测物质（化学式为 X）的质量，常用单位为 g/mL。

10. 酸的定义及其化学性质是什么？

答：电解质电离时所生成的阳离子全部是氢离子的化合物称为酸。

酸的化学性质如下：

（1）与指示剂反应时，使蓝色石蕊试纸变红，使甲基橙呈红色。

（2）与碱中和生成盐和水。例如

$$HCl + NaOH = NaCl + H_2O$$

（3）与碱性氧化物反应生成盐和水。例如

$$6HCl + Fe_2O_3 = 2FeCl_3 + 3H_2O$$

（4）与活泼金属反应生成盐和氢气。例如

$$H_2SO_4（稀）+ Zn = ZnSO_4 + H_2\uparrow$$

以上置换反应对氧化性强的硝酸和浓硫酸不适用。新生成的盐要能溶于水，否则不易反应。例如，Pb 与 H_2SO_4 因在 Pb 表面生成不溶性的 $PbSO_4$，反应不能继续进行。

（5）与盐反应生成盐和酸。例如

$$Na_2SiO_3 + 2HCl = 2NaCl + H_2SiO_3$$

生成物中必须有气体或难溶物，反应才趋于完成。

（6）有些含氧酸易分解，一般生成酸性氧化物和水。例如

$$H_2SO_3 = H_2O + SO_2 \uparrow$$

11. 碱的定义及其化学性质是什么？

答： 电解质电离时所生成的阴离子全部是氢氧根离子的化合物称为碱。

碱的化学性质如下：

（1）与指示剂反应时，使红色石蕊试纸变蓝，使无色酚酞变红，使甲基橙呈黄色。

（2）与酸反应生成盐和水。

（3）与酸性氧化物反应生成盐和水。

（4）与盐反应生成其他碱和盐。例如

$$FeCl_3 + 3NaOH = Fe(OH)_3 + 3NaCl$$

（5）不溶性碱易分解。例如

$$Cu(OH)_2 = CuO + H_2O$$

12. 什么是碱性氧化物、酸性氧化物、两性氧化物？分别举例说明。

答： 凡能与酸反应生成盐和水的氧化物称为碱性氧化物，如 NaO、CaO 等。

凡能与碱反应生成盐和水的氧化物称为酸性氧化物，如 CO_2、SiO_2 等。

既能与酸反应又能与碱反应生成盐和水的氧化物称为两性氧化物，如 ZnO、Al_2O_3 等。

$$ZnO + H_2SO_4 = ZnSO_4 + H_2O$$

$$ZnO + 2NaOH = Na_2ZnO_2 + H_2O$$

13. 什么是盐？

答： 电离时生成金属阳离子（有时还包括 H^+）和酸根阴离子（有时还包括 OH^-）的化合物称为盐，如 NH_4Cl、Na_2CO_3 等。根据组分不同，盐还可以分为正盐、酸式盐和碱式盐等。正盐电离时，只有金属阳离子、酸根阴离子；酸式盐电离时，阳离子部分除金属阳离子外，还有 H^+，如 NH_4HCO_3；碱式盐电离时阴离子部分除酸根外，还有 OH^-，如碱式碳酸铜 $[Cu_2(OH)_2CO_3]$ 等。

14. 什么是酸碱指示剂？

答： 酸碱指示剂一般是弱的有机酸或有机碱，是即呈弱酸性又呈弱碱性的两性物质，在溶液 pH 值改变时由于结构上的变化会引起颜色的改变。

选择指示剂时应使指示剂的变色点在 pH 值的突跃范围之内。另外，指示剂的变色范围越窄越好，这样有利于提高测定结果的准确度。如果单一指示剂变色范围比较宽，可选用混合指示剂。在不影响变色敏锐性的前提下，指示剂少加为宜。

15. 什么是放热反应、吸热反应、反应热？

答： 化学反应都伴随着能量的变化，通常表现为热量的变化。化学上把放出热量的化学反应称为放热反应，如氢气、甲烷、木炭等在氧气中燃烧时要放出热量。还有许多化学反应在反应过程中要吸收热量，这些吸收热量的化学反应称为吸热反应，如水蒸气与灼热的木炭接触时要吸收热量。反应过程中放出或吸收的热量都属于反应热。

16. 常见的无机化学反应有哪些？

答：（1）化合反应。由两种或两种以上的物质生成另一种物质

的反应，称为化合反应。例如

$$2Mg + O_2 = 2MgO$$

（2）分解反应。由一种物质生成两种或两种以上其他物质的反应，称为分解反应。例如

$$2NaHCO_3 = Na_2CO_3 + H_2O + CO_2$$

（3）置换反应。一种单质与一种化合物反应，生成另一种单质和另一种化合物的反应，称为置换反应。一般包括以下两种：

1）置换出金属或氢气，例如

$$Fe + CuSO_4 = FeSO_4 + Cu$$

$$Zn + H_2SO_4（稀）= ZnSO_4 + H_2 \uparrow$$

2）置换出非金属，例如

$$2NaBr + Cl_2 = 2NaCl + Br_2$$

$$2HI + Br_2 = 2HBr + I_2$$

（4）复分解反应。两种电解质相互交换离子，生成两种新的电解质的反应，称为复分解反应。复分解反应能否发生，要看生成物中是否生成难溶物气体或难电离的物质。此外，还要看参加反应的两种化合物的性质（溶解性及酸性强、弱等）。例如，NaCl 与 $Cu(OH)_2$ 就不发生反应，因为 $Cu(OH)_2$ 不溶于水。

中和反应属于复分解反应，专指酸和碱作用生成盐和水的反应。

17. 氧化、还原、氧化剂、还原剂的定义各是什么？

答：失去电子（化合价升高）的过程称为氧化，得到电子（化合价低）的过程称为还原。得到电子的物质称氧化剂，失去电子的物质称为还原剂。

18. 氧化还原反应的定义和特征是什么？

答：凡是有电子转移（或共用电子对偏移）的一类反应，称

为氧化还原反应。氧化还原反应的特征是反应前后的化合价有变化。

19. 影响氧化还原反应速度的主要因素有哪些？

答：（1）反应物浓度。通常反应物的浓度越大，反应的速度越快。

（2）温度。通常，溶液的温度每增加10℃，反应速度提高2～4倍。

（3）催化剂。有些反应需要在催化剂存在下才能较快进行。

20. 氧化剂、还原剂在反应中有何变化规律？

答：在氧化还原反应中，氧化剂被还原，还原剂被氧化。还原剂在反应中失去电子，化合价升高，具有还原性，使氧化剂还原，本身被氧化。

21. 化学反应速度的定义及其影响因素是什么？

答：化学反应速度通常用单位时间内某反应物浓度的减少或某一生成物浓度的增加来表示。影响化学反应速度的主要因素如下：

（1）浓度。化学反应速度与各反应物浓度的幂次（幂次数等于化学方程式中反应物的系数）乘积成正比。

（2）温度。实践证明，温度每升高10℃，化学反应速度一般提高到原来的2～4倍。

（3）压力。对于气体反应，当温度一定时，反应速度与压力成正比。如果参加反应的物质是固体、液体或溶液，可以认为压力与它们的反应速度无关。

（4）催化剂。它可以加快或减慢化学反应速度。

22. 什么是可逆反应?

答：一个化学反应可以按反应方程式从左向右进行，也可以从右向左进行，这种能同时向两个方向进行的反应称为可逆反应。一般常把按反应方程式从左向右进行的反应称为正反应，从右向左进行的反应称为逆反应。

23. 什么是化学平衡、化学平衡的移动?

答：在可逆反应中，正、逆反应速度相等，反应物和生成物的浓度不再随时间而变化的状态称为化学平衡。

对于达到平衡后的反应，若改变反应条件（如温度、浓度、压力等），原来的平衡就会被破坏，在新的条件下建立新的平衡，这个过程称为化学平衡的移动。

24. 简述电解质、非电解质的区别，并举例说明。

答：在溶解或熔融状态下，能导电的物质称为电解质，如食盐、盐酸和烧碱等。在溶解或熔融状态下，不能导电的物质称为非电解质，如蔗糖、酒精等。

25. 什么是电离、电离平衡?

答：电解质在水的作用下或受热熔化时而离解成自由移动的离子的过程称为电离。当电离进行到一定程度时，分子电离成离子的速度与离子重新结合成分子的速度相等的状态称为电离平衡。

26. 什么是饱和溶液、不饱和溶液?

答：在一定条件下，未溶解的溶质与已溶解的溶质达到溶解平衡状态时的溶液，称为饱和溶液；在溶解过程中没有达到溶解平衡状态，溶质还可以继续溶解的溶液，称为不饱和溶液。溶解平衡是有条件的、相对的，条件的改变能破坏溶解平衡。例如，温度的变化、改变溶剂量都可使饱和溶液与不饱和溶液相互转化。

27. 什么是溶解和结晶？

答：溶质的分子或离子在溶剂分子的作用下，均匀地扩散到溶剂中而形成溶液的过程称为溶解。晶体从溶液中析出的过程称为结晶。

28. 什么是分步沉淀？

答：在溶液中含有几种离子时，加入沉淀剂，利用溶度积的差异，适当控制条件（如控制 pH 值），使其不同离子先后沉淀称为分步沉淀。

29. 沉淀剂应满足的条件有哪些？

答：（1）溶解度要很小，才能使被测组分沉淀完全。

（2）沉淀应是粗大的晶型沉淀。

（3）沉淀干燥或灼烧后组分恒定。

（4）沉淀的分子质量很大。

（5）沉淀是纯净的。

（6）沉淀剂应易挥发、易分解，在燃烧时可将其从沉淀中除去。

30. 沉淀法对沉淀的要求有哪些？

答：对沉淀的形式要求如下：

（1）沉淀的溶解度要小，以保证被测组分能沉淀完全。

（2）沉淀要纯净，不应带入沉淀剂和其他杂质。

（3）沉淀应易于过滤和洗涤，以便于操作和提高沉淀的纯度。

（4）沉淀应易于转化为称量形式。

对沉淀的称量形式要求如下：

（1）称量形式应具有确定的化学组成，否则无法计算分析结果。

（2）称量形式应具有足够的化学稳定性。

（3）称量形式的分子量应尽可能大，这样可使称量的物质质量较大，从而减小称量误差，提高方法的准确度。

31. 陈化的定义及其作用是什么？

答：在沉淀后，使得沉淀与母液一起放置一段时间，称为陈化。由于小晶体比大晶体的溶解度大，在同一溶液中对小晶体是未饱和，对大晶体是过饱和。在陈化过程中，细小晶体逐渐溶解，大晶体继续长大，不仅能得到粗大的沉淀，还能使吸附杂质的量减少。

32. 影响沉淀物溶解度的因素有哪些？

答：（1）同离子效应。当沉淀反应达到平衡后，向溶液中加入过量的沉淀剂，则构晶离子（与沉淀组分相同的离子）浓度增大，使沉淀的溶解度降低的效应，称为同离子效应。加入的沉淀剂一般过量，易挥发的过量 50% ~ 100%，不挥发的过量 20% ~ 30%。

（2）盐效应。由于强电解质的存在而引起沉淀溶解度增大的现象，称为盐效应。

（3）酸效应。溶液的酸度对沉淀溶解度的影响，称为酸效应。酸效应对弱酸盐影响较大。

（4）络合反应。进行沉淀反应时，若溶液中存在有能与构晶离子生成可溶性络合物的络合剂时，则会使沉淀溶解度增大，甚至不产生沉淀，这种现象称为络合效应。

此外，温度、介质、晶体结构和颗粒大小也对溶解度有影响。

33. 洗涤沉淀的目的是什么？所使用的洗涤液应符合什么条件？

答：洗涤沉淀的目的是为了除去混杂在沉淀中的母液和吸附在沉淀表面的杂质。洗涤液应具备的条件有：

（1）易溶解杂质，但不易溶解沉淀。

（2）对沉淀无水解或胶溶作用。

（3）烘干或灼烧沉淀时，易挥发而被去除。

（4）不影响滤液的测定。

34. 试用动态平衡的观点说明饱和溶液和溶解度的概念。

答：某物质溶解在一定的溶剂中时，随着溶质分子的不断运动，当溶液中已溶解的溶质量增加到一定程度时，结晶的速度和溶解的速度相等，建立了溶解和结晶的动态平衡，此溶液称为饱和溶液。某物质能溶解于一定量溶剂中的最大量，称为该物质的溶解度。

35. 简述溶解度的定义及其影响因素。

答：在一定温度下，某物质在一定量的溶剂里达到溶解平衡时所能溶解的克数，称为这种物质在这种溶剂里的溶解度。影响物质溶解度的因素有以下两个方面：

（1）溶质和溶剂的本性（内因）。在同一条件下，不同的物质具有不同的溶解度；同一物质在不同的溶剂中具有不同的溶解度，例如食盐易溶于水，而不易溶于苯。

（2）外界条件（外因）。影响固体溶解度的外界因素主要是温度，压力可忽略。多数固体的溶解度随温度升高而增大。少数物质的溶解度受温度影响较小，如氯化钠。极少数物质的溶解度随温度升高而减小，如熟石灰。影响气体溶解度的因素主要是温度和压力。一般情况下，当压力不变时，气体的溶解度随温度升高而减小；当温度不变时，气体的溶解度随压力的增大而增大。

36. 分步沉淀的次序与哪些因素有关？

答：对于同种类型的沉淀（如MA型），K_{sp}（溶度积）小的先沉淀。溶度积差别越大，后沉淀的离子浓度就越小，分离效果也就越好。当一种试剂能沉淀溶液中多种离子时，生成沉淀所需试剂离子浓度越小的越先沉淀；如果生成各种沉淀所需试剂离子浓度相差较大，就能分步沉淀，从而达到分离的目的。分步沉淀的次序还与被沉淀的各离子在溶液中的浓度有关。如果将生成沉淀物的离子浓度加以适当改变，也可能改变沉淀顺序。

37. 以在氨水中分别加入 HCl、NH_4Cl 和 NaOH 来说明什么是同离子效应。

答：在弱电解质中加入强电解质，此强电解质的组成中有一种与弱电解质相同的离子，则弱电解质的电离平衡会发生移动，电离度也会发生变化，这种现象称为同离子效应。

（1）氨水中加入 HCl 时，氨水的电离度增大，pH 值降低。

（2）氨水中加入 NH_4Cl 时，氨水的电离度减小，pH 值降低。

（3）氨水中加入 NaOH 时，氨水的电离度减小，pH 值升高。

38. 什么是混合指示剂？

答：由一种指示剂与一种染料混合而成，或是由两种不同指示剂混合而成的指示剂称为混合指示剂。混合指示剂可以使指示剂变色范围中的过渡颜色褪去，目力容易判别，从而使变色范围狭窄。例如，甲基红－亚甲基蓝混合指示剂，甲基红 pH 值变色范围为 4.26.2，颜色由红至黄色，在测定小碱度时，pH 值由高向低变化，颜色由黄至红。当加入亚甲基蓝（染料）后，滴定时颜色由绿变紫，而中间过渡颜色互相抵消为无色。所以测定小碱度时，开始为绿色（黄＋蓝），中间无色，滴定终点为紫色（红＋蓝）。

39. 什么是络离子和络合物？络盐和复盐有何区别？

答：凡含有配位键，并且有一定的稳定性，在水溶液中不易离解的复杂离子就是络离子，含有络离子或络分子的化合物都是络合物。络盐与复盐的区别在于，复盐在溶液中完全电离为各组分离子，而络盐则不能电离成各组分离子。

40. 什么是中心离子、配位体、配位数和外配位层？

答：络离子中占据中心位置的金属阳离子，称为中心离子；在直接靠近中心离子的周围，配置着一定数目的中性分子或阴离子，称为配位体；这些配位离子构成络合物的内配位层，配位体的个数即中性分子或阴离子的数目，称为配位数；由于络离子带电荷，则必有相应数量的带相反电荷的离子在络合物的外界，构成络合物的外配位层。

41. 什么是溶剂萃取及其分配系数？

答：溶剂萃取就是基于各种物质在不同溶剂中分配系数大小不等，而将所需要的组分分离出来的一种方法。

当某一物质 A 接触到两种互不混合的溶剂（如一种为水，另一种为有机溶剂）时，则该溶质 A 分配在这两种溶剂之中，当分配达到平衡后，溶质在这两种溶液中的浓度的比值在一定温度下是常数，不因溶质浓度而改变，这个常数称为分配系数。

42. 恒重的定义及操作注意事项是什么？

答：恒重指连续两次烘干或灼烧后称量所得的质量，其差值不超过 ±0.0003g。干燥至恒重的第二次及以后各次称重均应在规定条件下继续干燥 1h 后进行。烘干或灼烧至恒重的第二次称重应在继续烘干或灼烧 30min 后进行。在每次干燥后应立即取出放入干燥器中，待冷却至室温后称量。若使用高温炉灼烧时，应待炉内降温至300℃左右时取出放入干燥器中冷却至室温后称量。

43. 什么是水的碱度、酚酞碱度、甲基橙碱度？

答：水的碱度指水中含 OH^-、CO_3^{2-}、HCO_3^- 及其他一些弱酸盐类的总量。在天然水中，碱度主要由 HCO_3^- 的盐类组成。

碱度是用酸中和的方法来测定的，因此采用的指示剂不同，测得的结果也不同。常用的指示剂为酚酞和甲基橙。用酚酞作指示剂测得的碱度称为酚酞碱度，用 P 表示；用甲基橙作指示剂测得的碱度称为甲基橙碱度，用 M 表示，也称全碱度。

44. 酚酞碱度 P、甲基橙碱度 M 和水中 OH^-、CO_3^{2-}、HCO_3^- 的含量有何关系？

答：酚酞碱度 P、甲基橙碱度 M 和水中 OH^-、CO_3^{2-}、HCO_3^- 含量的关系见表1–1。

表1–1　酚酞碱度 P、甲基橙碱度 M 和水中 OH^-、CO_3^{2-}、HCO_3^- 含量的关系

P 与 M 的关系	水中存在的离子	各离子的量		
		OH^-	CO_3^{2-}	HCO_3^-
$M=P$	OH^-	$P=M$		
$M<2P$	OH^-、CO_3^{2-}	$2P-M$	$2(M-P)$	
$M=2P$	CO_3^{2-}		$M(=2P)$	
$M>2P$	CO_3^{2-}、HCO_3^-		$2P$	$M-2P$
$P=0$	HCO_3^-			M

45. 酸碱指示剂的原理是什么?

答：酸碱指示剂指用于酸碱滴定的指示剂，常见的酸碱指示剂一般是有机弱酸或弱碱。当溶液的 pH 值改变时，指示剂共轭酸、碱对结构转变而发生颜色变化，得到质子，由碱式转变为共轭酸式；或失去质子，由酸式转变为共轭碱式。不同的酸、碱性溶液中，指示剂的电离程度不同，于是显示出不同的颜色。中和反应时，一般使用 2 ~ 3 滴酸碱指示剂，因为酸碱指示剂都是有机酸或有机碱，用多了会增大误差。

46. 常用的酸碱指示剂有哪几类?

（1）硝基酚类。这是一类酸性显著的指示剂，如对 – 硝基酚等。

（2）酚酞类。有酚酞、百里酚酞和 α – 萘酚酞等，它们都是有机弱酸。

（3）磺代酚酞类。有酚红、甲酚红、溴酚蓝、百里酚蓝等，它们都是有机弱酸。

（4）偶氮化合物类。有甲基橙、中性红等，它们都是两性指示剂，既可作酸式离解，也可作碱式离解。

47. pH 标准缓冲溶液的特点和用途有哪些?

答：pH 标准缓冲溶液具有以下特点：

（1）标准溶液的 pH 值是已知的，并达到规定的准确度。

（2）标准溶液的 pH 值有良好的复现性和稳定性，具有较大的缓冲容量、较小的稀释值和较小的温度系数。

（3）溶液的制备方法简单。

pH 标准溶液有下列用途：

（1）测量前标定校准 pH 计。

（2）用以检定 pH 计的准确性，例如用 pH 标准溶液 6.86（25℃）

和 pH 标准溶液 4.00（25℃）标定 pH 计后，将 pH 电极插入 pH 标准溶液 6.86（25℃）中，检查仪器显示值和标准溶液的 pH 值是否一致。

（3）在一般精度测量时检查 pH 计是否需要重新标定。pH 计标定并使用后可能会产生漂移或变化，因此在测试前将电极插入与被测溶液比较接近的 pH 标准缓冲液中，根据误差大小确定是否需要重新标定。

（4）检测 pH 电极的性能。通过测定 pH 标准溶液数据可以反映电极的状态、性能。校准斜率一般应在 95%～105%之间，零点偏移（pH 标准溶液 7 时为 0mv）应保持相对稳定且不超过 ±30mv。

48. 简述滴定分析法的定义、分类和分类依据，以及常见的滴定分析方式。

答：滴定分析法又称为容量分析法，是将一种已知准确浓度的试剂溶液滴加到被测物质的溶液中，直至所加的试剂与被测物质按化学计量定量反应为止，然后根据试剂溶液的浓度和用量，计算被测物质的含量的方法。

滴定分析法可分为以下四类：

（1）酸、碱滴定法，是以质子传递反应为基础的滴定分析法。

（2）沉淀滴定法，是以生成沉淀的化学反应为基础的滴定分析法。

（3）络合滴定法，是以络合反应为基础的滴定分析法。

（4）氧化还原法，是以氧化还原反应为基础的滴定分析法。

常见的滴定分析的方式有直接滴定、返滴定、置换滴定、间接滴定。

49. 应用于滴定分析的化学反应符合哪些条件？

答：（1）反应按定量进行，无副反应发生，否则无法计算分析结果。

（2）反应能迅速完成，或者用改变酸度、温度、加催化剂等办法加快反应速率。

（3）有适当的方法确定反应的理论终点，如加入指示剂或采用物理化学的方法等。

（4）反应不受其他杂质的干扰，当有干扰离子时，可事先除去或加入掩蔽剂进行掩蔽。

50. 缓冲溶液的定义及其应用目的是什么？

答：缓冲溶液是弱酸及其盐、弱碱及其盐的混合溶液，此溶液具有稳定的 pH 值，在其中加入少量的酸和碱，或者适当稀释，溶液的 pH 值改变很小，具有这样特点的溶液称为缓冲溶液。

在络合滴定中，为了产生明显的突跃，要求溶液的酸度必须在一定的范围（酸效应）内，而在滴定过程中，溶液的 pH 值会降低。当调节溶液酸度值太高时，又会产生水解或沉淀。因此，在络合滴定中，只有使用缓冲溶液才能满足溶液的酸度在一定范围内的要求。

51. 缓冲容量的大小与哪些因素有关？

答：缓冲容量的大小与缓冲溶液的总浓度和组分的浓度比有关。缓冲组分总浓度越大，缓冲容量就越大，反之越小。同一缓冲溶液，缓冲组分总浓度相同时，组分浓度比为 1 时，缓冲容量最大；组分浓度比越接近 1，缓冲容量越大；组分浓度比离 1 越远，缓冲容量越小，甚至不起缓冲作用。

52. 为什么在络合滴定中要控制适当的酸度？

答：如溶液中同时存在两种或两种以上的离子，它们的 MY 络合物稳定常数差别又足够大，则控制溶液的酸度，使得只有一种离子形成稳定的络合物，而其他离子不易配位，这样就可避免干扰。

53. 提高络合滴定选择性的方法有哪些？

答：提高络合滴定选择性，消除干扰，选择滴定某一种或几种离子是络合滴定中需考虑的重要问题。提高络合滴定选择性的方法有控制溶液酸度、掩蔽法、化学分离法、选择其他络合剂滴定。

54. 以 EDTA 为滴定剂，简述金属指示剂的作用原理。

答：金属指示剂本身是一种络合物，其与被滴定的金属离子生成有色络合物，且与指示剂本身的颜色不同，此络合物的稳定性比金属离子与 EDTA 生成的络合物的稳定性稍差。滴定初始时出现的颜色是指示剂与金属离子络合物的颜色。待到反应终点时，EDTA 夺取了其中的金属离子，游离出指示剂，引起溶液颜色的变化。

55. 金属指示剂应具备哪些条件？

答：金属指示剂应具备以下条件：

（1）金属指示剂络合物与指示剂的颜色应有明显差别，在滴定终点时有易于辨别的颜色变化。

（2）金属指示剂与金属离子的络合物稳定性需适当。

（3）指示剂及指示剂配合物具有良好的水溶性，并且指示剂与金属离子的反应必须进行迅速。

（4）指示剂与金属离子的反应必须灵敏、迅速，且有良好的变色可逆性。

（5）指示剂比较稳定，便于储存和使用。

56. 什么是指示剂的封闭现象？

答：在实际滴定中，要求指示剂在理论终点附近有明显的颜色变化，但有时这种变化受到干扰，如过量的 EDTA 不能夺取金属离子与指示剂形成的有色络合物中的金属离子，致使在反应终点附近出现溶液颜色无变化的现象，即指示剂封闭现象。

57. 什么是络合反应？为什么 EDTA 络合物具有较高的稳定性？

答：能生成络合物的化学反应称为络合反应。EDTA 络合物具有较高的稳定性是因为 EDTA 分子能与绝大多数金属离子形成具有多个五元环结构的螯合物。

58. 络合滴定反应应具备哪些条件？

答：（1）形成的络合物要相当稳定，如不稳定则不易得到明显的终点。

（2）控制一定条件，使形成的络合物只有一种，否则无法测定其准确含量。

（3）络合反应速度很快。

（4）选择没有封闭现象的指示剂。

（5）在滴定反应的条件下，被测离子不发生水解和沉淀反应。

59. 配制标准溶液有哪几种方法？

答：标准溶液是一种已知准确浓度的溶液。配制标准溶液有以下两种方法：

（1）直接法。准确称取一定量的物质，溶解后，在容量瓶内稀释到一定体积，从而可计算出该溶液的准确浓度。

（2）间接法。粗略地称取一定量的物质或量取一定体积的溶液，配制成接近所需浓度的溶液，然后用基准物或其他物质的标准溶液来测定该溶液的准确浓度。

60. 可以直接配制标准溶液的基准物质应满足哪些要求？

答：（1）纯度高，杂质含量可忽略。

（2）组成（包括结晶水）与化学式相符。

（3）性质稳定，反应时不发生副反应。

（4）使用时易溶解。

（5）所选用的基准试剂中，目标元素的质量比应较小，使称样量大，可以减少称量误差。

61. 电子分析天平的使用步骤及注意事项有哪些？

答：电子分析天平是定量分析工作中不可缺少的重要仪器之一，充分了解仪器性能及熟练掌握其使用方法，是获得可靠分析结果的保证，使用步骤如下：

（1）检查并调整天平至水平位置。

（2）检查电源电压是否匹配（必要时配置稳压器），按仪器要求通电预热至所需时间。

（3）预热足够时间，进行灵敏度及零点调节，待稳定标志显示后，可进行正式称量。

（4）称量时将洁净称量瓶或称量纸置于秤盘上，关上侧门，轻按一下去皮键，天平将自动校对零点，然后进行称量，直到所需质量为止。

（5）称量结束应及时除去称量瓶（纸），关上侧门，切断电源，并做好设备使用情况登记。

使用电子分析天平的注意事项如下：

（1）将天平置于稳定的工作台上避免振动、气流及阳光照射。

（2）在使用前调整水平仪气泡至中间位置。

（3）电子天平应按要求进行预热。

（4）称量易挥发和具有腐蚀性的物品时，要盛放在密闭的容器中，以免腐蚀和损坏电子天平。

（5）经常对电子天平进行自校或定期外校，保证其处于最佳状态。

（6）天平不可过载使用，以免损坏天平。

62. 误差按其性质分为哪几种？并说明各种误差产生的主要原因。

答：误差按其性质可分为系统误差和偶然误差。系统误差产生的主要原因如下：

（1）方法误差。由于分析方法本身所造成的误差。

（2）仪器误差。由于使用的仪器不够精密所造成的测定结果与实际结果之间的误差。

（3）试剂误差。由于试剂不纯所造成的误差。

（4）操作误差。指在正常操作条件下，由于个人掌握操作规程与控制操作条件稍有偏差而造成的误差。

偶然误差指由某些难以控制、无法避免的偶然因素所造成的误差。

63. 什么是滴定度？滴定突跃的大小在分析中有何意义？

答：滴定度指每毫升标准溶液相当的待测组分的质量，用$T_{待测物/滴定剂}$表示。

滴定突跃指在滴定过程中，当达到理论终点附近时，加入少量滴定剂，而引起滴定曲线发生明显的突跃变化。滴定突跃大，说明指示剂变色敏锐、明显，适用的指示剂种类多，便于观察、选用；滴定突跃小，说明难于准确滴定或不能滴定。

64. 滴定管读数时的注意事项有哪些？

答：（1）读数前要等 1 ~ 2min。

（2）保持滴定管垂直向下。

（3）读数至小数点后两位。

（4）初读、终读方式应一致，以减少视差。

（5）眼睛与滴定管中的弯月液面平行。

65. 常量滴定管、半微量滴定管和微量滴定管的最小分度值各是多少?

答：常量滴定管，最小分度值为 0.1mL；半微量滴定管，最小分度值为 0.05mL 或 0.02mL；微量滴定管，最小分度值为 0.01mL。

66. 简述溶剂萃取的工艺过程。

答：溶剂萃取工艺过程一般由萃取、洗涤和反萃取组成，其中一般将有机相提取水相中溶质的过程称为萃取；水相去除负载有机相中其他溶质或者包含物的过程称为洗涤；水相解析有机相中溶质的过程称为反萃取。

67. 什么是朗伯 – 比尔定律?

答：朗伯 – 比尔定律是分光光度法进行定量分析的理论依据，描述了物质对某一波长光吸收的强弱与吸光物质的浓度及其液层厚度间的关系，当一束单色光通过含有吸光物质的溶液时，溶液的吸光度与吸光物质的浓度及吸收层的厚度成正比。

68. 什么是基态原子?

答：通常情况下，电子都处在各自能量最低的能级上，这时整个原子的能量最低而处在基态（或称为稳态），处于基态的原子称为基态原子。

69. 什么是重复性、再现性和精密度?

答：重复性指在实际相同的试验条件下，对同一被测物理量或化学成分进行多次连续试验时，其试验结果之间的一致性。

再现性指再现条件下，即在不同实验室，对从同一水样中分取出来的具有代表性的部分所做的重复试验，所得试验结果平均值间的差值在特定概率下的界限值。

精密度指同一试样在完全相同的试验条件下，进行多次重复测定时，试验结果的分散程度，是试验结果重现性的量度。

70. 简述绝对偏差、相对偏差、标准偏差和相对标准偏差的计算公式。

答：绝对偏差＝测定值－平均值；

$$相对偏差=\frac{(测定值-平均值)}{平均值}\times100\%;$$

$$标准偏差\ S=\sqrt{\frac{\sum_{i=1}^{n}(测定值-平均值)^2}{n-1}};$$

相对标准偏差＝$S\times100\%$/平均值。

71. 误差表示方法中准确度、精密度的定义是什么？

答：准确度指实验测得值与真实值之间相符合的程度。准确度的高低，常以误差的大小来衡量，即误差越小，准确度越高；误差越大，准确度越低。

精密度是指在相同条件下，n 次重复测定结果彼此相符合的程度。精密度的好坏常用偏差表示，偏差小，说明精密度好；偏差大，说明精密度差。

72. 天然水硬度的定义及其分类是什么？

答：天然水的硬度主要指钙、镁离子浓度之和。硬度可分为暂时硬度、永久硬度、碳酸盐硬度、非碳酸盐硬度。

暂时硬度又称暂硬，指水在煮沸后可以沉淀掉的那一部分硬度。暂硬是由水中的酸式碳酸盐所形成的，主要是 $Ca(HCO_3)_2$ 和 $Mg(HCO_3)_2$。

永久硬度又称永硬，指水煮沸时不能除去的硬度，它近似于非碳酸盐硬度。

碳酸盐硬度指水中钙、镁的重碳酸盐、碳酸盐含量之和。由于天然水中碳酸根的含量很少，所以一般将碳酸盐硬度看作钙、镁的重碳酸盐含量。

非碳酸盐硬度指水中总硬度与碳酸盐度之差，主要是钙、镁的硫酸盐和氯化物等含量。

73. 重金属的定义及其对人体的影响是什么?

答：重金属指比重大于 5 的金属（一般指密度大于 4.5g/cm^3 的金属）。目前发现的约有 45 种，基本都属于过敏元素，如铜、汞、镉、铅、镍、铬、锰、银等。在环境污染领域中，对重金属的定义并不十分严格，主要指对生物有明显毒性的重金属元素，如汞、铅、镉及类金属砷等。其中，对人体毒害最大的有铅、汞、砷、镉，这些重金属在水中不能分解，人饮用后毒性放大，与水中的其他毒素结合产生毒性更大的有机物。此外，重金属在人体内能与蛋白质及各种酶发生强烈的相互作用，使它们失去活性，也可能在人体的某些器官中长期累积，当超出人体所能耐受的限度，会造成人体急性中毒、亚急性中毒、慢性中毒等危害。

74. 水样的分类及定义是什么?

答：水样可分为瞬时水样、混合水样、综合水样、平行污水样、其他水样五种。

瞬时水样，指在某一时间和地点从水体中随机采集的分散水样。

混合水样，指在同一采样点于不同时间所采集的瞬时水样的混合水样，有时称为时间—混合水样，以与其他混合水样相区别。

综合水样，指把不同采样点同时采集的各个瞬时水样混合后所得到的水样品。综合水样在某些情况下更具有实际意义。

平行污水样，对于排放污水的企业，有时需要将几个排污口的水样按比例混合，用以代表瞬时综合排放浓度。

其他水样，用于监测洪水期或退水期的水质变化。

75. 什么是除盐水、疏水、凝结水？

答：除盐水指源水经离子交换等设备除盐后的出水，也称为去离子水。

疏水指各种蒸汽管道及用汽设备中的蒸汽冷凝下来的水。它们汇集于疏水箱或并入凝结水系统中。

凝结水指在汽机中做完功后的蒸汽冷凝得到的水，它将返回给水系统，成为给水的主要组成部分。

76. 基本建设项目“三同时”制度的内容及实施意义是什么？

答：新建、改建、扩建的基本建设项目、技术改造项目、区域或自然资源开发项目，其防治环境污染和生态破坏的设施，必须与主体工程同时设计、同时施工、同时投产使用，该制度简称“三同时”制度。

“三同时”制度是防止产生新的环境污染和生态破坏的重要制度。凡是通过环境影响评价确认可以开发建设的项目，建设时必须按照“三同时”规定，把环境保护措施落到实处，防止建设项目建成投产使用后产生的环境问题。在项目建设过程中也要防止环境污染和生态破坏，建设项目的设计、施工、竣工验收等主要环节落实环境保护措施，关键是保证环境保护的投资、设备、材料等与主体工程同时安排，使环境保护要求在基本建设程序的各个阶段得到落实。“三同时”制度分别明确了建设单位、主管部门和环境保护部门的职责，有利于具体管理和监督执法。

77. 化验室起火时为什么尽量不用水灭火?

答: 因为有的化学药品比水轻，会浮于水面，随水流动，反而可能扩大火势；有的药品能与水反应引起燃烧甚至爆炸。所以除非确知用水无害时，尽量不要用水。

78. 进行涉及毒品的操作时应注意什么?

答: 进行涉及毒品的操作时应注意：必须认真、小心，手上不要有伤口，实验完后一定要仔细洗手；会产生有毒气体的实验一定要在通风柜中进行，并保持室内通风良好。

第二章　水处理技术

1. 简述去离子水的制备工艺。

答：去离子水指去除呈离子形式的杂质后近于纯净的水。制备去离子水的主要工艺有两种：离子交换树脂净化法和全膜法。

（1）离子交换树脂制取去离子水是传统水处理方式，制备过程例如：原水→多介质过滤器→活性炭过滤器→精密过滤器→阳床→阴床→混床→除盐水箱。

工艺特点：酸碱再生污染比较大，自动化程度低，初期投入低。

（2）采用反渗透－离子交换设备制取去离子水，水质稳定，纯度较高，制备过程例如：原水→多介质过滤器→活性炭过滤器→精密过滤器或超滤→反渗透→离子交换→除盐水箱。

工艺特点：离子交换树脂再生周期延长，污染小，自动化程度高，初期投入中等，价格适中。

（3）采用超滤、反渗透设备与电去离子（EDI）设备搭配制取去离子水的方式，是一种全膜法，也是一种发展潜力巨大的纯水制备工艺，制备过程例如：原水→无阀滤池→多介质过滤器→超滤→反渗透→电去离子（EDI）→除盐水箱。

工艺特点：环保，自动化程度高，初期投入大，价格相对比较贵。

2. 纯水、净水和软水的定义和区别是什么？

答：纯水又称高纯水，指化学纯度极高的水。纯水中不含任何物质，不易导电，是绝缘体。

净水指有效去除水中有害物质，如细菌、病毒、有机物污染、重金属等，但保留矿物质及微量元素等有益物质，能够安全有效地给人体补充水分，安全、健康的饮用水。

软水指不含有钙、镁离子的水，不可直接饮用，更适合作为生活用水。

纯水、净水和软水的本质区别是电导率不同。

3. 什么是水的矿化度？

答： 水的矿化度指水中所含无机矿物质的总量，用以评价水中总含盐量。水中的各种盐类一般是以离子的形式存在，因此水的矿化度也可以表示为水中各种阳离子和阴离子的量的总和，一般用 M 表示。为了便于比较不同地下水的矿化程度，习惯上以 105 ~ 110℃时将水蒸干所得的干涸残余物总量来表征总矿化度。

4. 简述在线电导率仪的工作原理。

答： 在线电导率仪除具有普通电导率仪的测量工作原理外，需要在进水回路上串接氢离子交换柱。电站锅炉往往通过加氨调节给水 pH 值，给水中的氨随着炉水蒸发进入蒸汽，然后又溶于凝结水中，因此进入电导率仪的水汽样都要经过氢离子交换处理，以消除氨对电导率测定的影响，使测定结果更能反映出真实水质状况。此外，水样中的杂质经氢离子交换处理后，盐型转为酸型，其电导率比盐型大很多，使电导率测定时对水样中的杂质更敏感。

5. 使用工业电导率仪在线监测水样的电导率时应注意什么？

答： 明确水样正常运行时电导率的范围；水样应保持恒定的流速，流动时不应有气泡；整个仪表应密封良好；若仪表设置在阴床出口系统，取样应在进碱阀之后；对于前置氢离子交换柱的电导率仪，应监督氢离子交换柱的状况，失效后应及时再生。

6. 简述离子交换的作用机理。

答：要去除水中的离子类杂质，水处理中普遍使用离子交换法，即某些物质遇到溶液时，可以将其本身所具有的离子和溶液中同电荷的离子发生交换。

离子交换树脂可看作具有胶体型结构的物质，即在离子交换树脂的高分子表面上有许多和胶体表面相似的双电层，把它和内层电子符号相同的离子称为同离子，符号相反的称为反离子。

当离子交换剂遇到含有电解质的水溶液时，电解质对其双电层有以下两方面作用。

（1）交换作用。扩散层中反离子在溶液中的活动较为自由，离子交换作用主要反应在此种反离子和溶液中其他反离子之间，因动平衡的关系，溶液中的反离子会先交换至扩散层，然后再与固定层中的反离子互换位置。

（2）压缩作用。当溶液中盐类浓度增大时，会使扩散层压缩，从而使扩散层中部分反离子变成固定层中的反离子，使得扩散层的活动范围变小。这就说明了再生溶液的浓度太大时，不仅不能提高再生效果，有时反而会使效果降低。

7. 地表水分为哪几类？什么是水源水、源水、串用水？

答：地表水分为淡水、苦咸水、海水三类。淡水含盐量在1000mg/L以下，苦咸水含盐量为1000 ~ 3000mg/L，海水含盐量为3000 ~ 5000mg/L。

水源水指未经任何处理的天然水；源水指与生水混用或经混凝处理后而未经除盐处理的水；串用水指生产过程中已利用过的水，其水温、水质满足另一系统需求，因此被串联使用代替新鲜水，如循环水、排污水用于脱硫系统。

8. 电厂水汽系统在线 pH 值测量仪表的水样温度偏离 25℃，此时温度对 pH 值测量结果造成的影响主要有哪几方面？哪些影响是可以消除的？

答：温度对 pH 值测量的影响主要有三个方面：

（1）温度变化改变能斯特斜率。

（2）参比电极与玻璃电极内参比电极的温度系数不同，造成两电极的电位差。

（3）水溶液中物质的电离平衡常数随温度发生变化造成 pH 值变化。

上述第（1）项可以通过仪表的自动温度补偿加以消除，第（2）项可以通过选择与玻璃电极内参比电极相同的参比电极消除，第（3）项通常无法消除。

9. 简述在线电导率表测量氢电导率时可能存在的误差来源。

答：在线电导率表测量可能存在的误差来源有：树脂再生度、取样管路漏气、电极常数误差、电极污染、温度补偿、二次仪表误差、地回路、电极选择不当。

10. 简述检验水汽系统在线电导率表、在线 pH 值测量表、在线钠表和在线溶氧表的准确性的方法和原因。

答：应采用在线检验的方法检验在线化学仪表的准确性。采用离线检验上述仪表的整机误差和二次仪表示值误差，并不能反映在线测量系统产生的误差和纯水特殊影响产生的误差，而上述在线化学仪表最常见的误差来源，经证实主要是在线测量系统产生的误差和纯水特殊影响产生的误差。

11. 简述在线电导率表整机误差的检验原则。

答：对于测量水样电导率值不大于 0.30μS/cm 的电导率表不能采用标准溶液法，应采用水样流动法进行整机工作误差的检验；对于测量电导率值大于 0.30μS/cm 的电导率表，可采用标准溶液法进行整机引用误差的检验。

12. 简述在线 pH 值测量仪表整机误差的检验原则。

答：对于测量水样电导率不大于 100μS/cm 的，应采用水样流动检验法进行整机工作误差的在线检验。对于测量水样电导率大于 100μS/cm 的，应优先选择水样流动检验法进行整机工作误差的在线检验，也可采用标准溶液检验法进行离线整机示值误差检验。

13. 影响极谱式溶氧分析仪测定的因素有哪些？

答：（1）水样温度的影响。主要因为聚四氟乙烯薄膜的透气率随温度变化，水样温度越高，氧在水中的溶解度越低，通过聚四氟乙烯薄膜的含氧量增加。同时，电极反应的速度与温度也有关。

（2）被测水样流量的影响。流速增大，传感器的响应值减小，故水样的流量一般恒定在 18 ～ 20L/h。

（3）透气膜的影响。透气膜的优劣直接影响传感器的灵敏度。

（4）电流的影响。电解液中的溶解氧能产生较大电流，电流过大会造成测量水样氧量误差，因此需要尽快消除本底氧。

（5）水质的影响。较差的水质易污染传感器，降低极谱式溶氧分析仪的灵敏度。

14. 简述在线钠表整机误差的检验原则。

答：测量钠离子浓度不大于 100μg/L 的在线钠表，其整机引用误差应采用动态法进行在线检验。测量钠离子浓度大于 100μg/L 的在线钠表，可以采用动态法或静态法进行整机引用误差检验。

15. 简述提高在线化学仪表测量准确性的途径。

答：（1）采取正确的检验方法。应按照 DL/T 677—2018《发电厂在线化学仪表检验规程》，定期对仪表进行检验校准。

（2）采取正确的检验装备。装备移动式化学仪表检验装置对在线化学仪表整机工作误差进行检验。

（3）加强在线化学仪表的维护管理工作。

16. 简述在线化学仪表对化学监督的意义。

答：（1）在线化学仪表的准确性一方面会影响机组的安全运行，另一方面会影响机组的节能降耗，因此在线化学仪表的准确性决定了化学监督的可靠性。

（2）提高电厂化学监督的可靠性。及时发现水汽品质问题，并加以解决，对电厂安全运行有重大意义，并可取得显著的节能降耗效果。

17. 根据电厂用水所含杂质不同，水的分类有哪些？

答：根据电厂用水所含杂质不同，可分为原水、给水、补给水、凝结水、炉水、排污水、冷却水等。

（1）原水，指锅炉的水源水。

（2）给水，指直接进入锅炉，供锅炉蒸发或加热的水。

（3）补给水，指生水经过各种水处理工艺处理后补充锅炉汽水损失的水。

（4）凝结水，指蒸汽的热能被利用后，所回收的冷凝水。

（5）炉水，指锅炉体内加热或蒸发系统中流动着的水。

（6）排污水，指由于炉水经相当长时间循环运行，水中的微量杂质被浓缩，为保证炉水的质量，必须进行排污所排出的水。

（7）冷却水，指用于冷却介质的水。

18. 什么是水的预处理？

答： 水的预处理指水进入离子交换装置或膜法脱盐装置前的处理过程，其主要目的是确保后处理装置的正常运行。传统的预处理主要包括凝聚、澄清、过滤、杀菌，以及石灰软化降碱等处理技术，近年来随着水处理技术发展，过滤处理还包括微滤、超滤等。

19. 水的预处理的目的是什么？

答： 水的预处理的目的主要包括：

（1）去除水中的悬浮物、胶体物和有机物。

（2）降低生物物质，如浮游生物、藻类和细菌。

（3）去除重金属，如 Fe、Mn 等。

（4）降低水中钙镁硬度和重碳酸根。

20. 常用的混凝剂种类及特点是什么？

答：（1）铝盐。适用的 pH 值范围为 5.5 ~ 8，温度对混凝效果影响较大，最佳温度为 25 ~ 30℃。

（2）铁盐。适用的 pH 值范围较广，但最好在 pH 值为 9 ~ 11 条件下使用，故常用作石灰软化处理时的混凝剂。温度对铁盐的混凝效果影响不大，但水中含有较高的有机物时不宜用铁盐。

（3）聚合铝。具有适用范围广、混凝效果好、用量少、易操作等优点，且温度对混凝效果影响不太大，对加药量控制也不需很严格。

（4）聚合硫酸铁。具有混凝能力强、除色和除有机物比铁盐好、加药量较少等优点，对低温度和低浊度的水也有较好的混凝效果。

（5）铁铝盐。将铁盐和铝盐先后加入水中混合的混凝方法，克服了铝盐在低水温时混凝效果差的缺点。

21. 以铝盐为例，阐述如何进行混凝剂最优加药量的烧杯试验。

答：根据原水水质的运行处理状况，确定试验的温度、使用的搅拌器、铝盐的加药量；把药品加入试验用的烧杯中，将搅拌器的转速调至 100 ~ 160 r/min，快速混合 1 ~ 3min 后，将搅拌器的转速调至 20 ~ 40 r/min，慢速混合 15 ~ 20min；静置后观察记录开始出现凝絮的时间、凝絮颗粒的大小、澄清所需的时间；最后取上部的清水测定其浊度、氯离子、pH 值。根据以上指标，选择凝絮效果最佳的加药量。

22. 为什么要对清水进行过滤？

答：水经过混凝澄清处理后，会残留一些悬浮物和絮凝体，其浊度一般在 2 ~ 10NTU，有时会更大。这种水不能直接送入后续除盐系统，需要通过过滤处理，除去水中残留的悬浮颗粒，以免残留的悬浮物使后级水处理设备产生污堵。

23. 石灰沉淀软化处理的优缺点有哪些？

答：石灰沉淀软化处理可除去水中大部分碳酸盐硬度，并能降低水中的二氧化碳含量，使高硬度、高碱度的水经处理后大大降低其硬度和碱度，同时还能降低悬浮物和溶解固形物含量，因此其优点有：

（1）既可降低锅炉排污率，又可防止锅炉和汽水系统腐蚀。

（2）对于给水采用离子交换处理的锅炉补给水，原水先经石灰预处理，减轻钠离子交换器的负担，提高出水质量，并免去氢离子交换的降碱处理，省去防酸系统的麻烦和费用；对于蒸发量小于 2t/h 的锅炉，也可直接作为给水进入锅炉进行锅内加药处理。

（3）由于石灰价格低廉且易得，因此可大幅度降低给水处理的成本。

（4）由于石灰处理生成的是固体沉淀，与离子交换处理相比可减少对地下水的污染。

其缺点是：（1）石灰纯度较低，杂质较多，影响软化效果。

（2）目前石灰处理的设备仍较简陋，劳动强度较大，工作条件较恶劣。

（3）废渣较难处理，易堵管。

24. 哪类水质可采用石灰软化处理？

答：石灰软化处理适用于高碱度、高硬度的水。一般原水碱度大于2mmol/L，且硬度大于或相当于碱度的，都可采用石灰软化处理。对于低碱度、高硬度的水，可采用石灰–纯碱软化处理。

25. 常用的沉淀软化处理方法及其特点有哪些？

答：常用的沉淀软化处理方法及其特点如下：

（1）石灰处理法。可除去水中的碳酸盐硬度，降低碱度，适用于高硬度、高碱度的水。

（2）石灰–纯碱处理法。不仅可除去水中的碳酸盐硬度，而且可除去非碳酸盐硬度，适用于高硬度、低碱度的水。

（3）石灰–氯化钙处理法。可除去水中的碳酸盐硬度和过剩碱度，适用于负硬度较高的碱性水。

（4）氢氧化钠处理法。可除去水中镁硬度和碳酸盐硬度，适用于处理水量较少（<10t/h）、碱度较低的水。

（5）热法石灰纯碱–磷酸钠处理法。可使水中残留的硬度降至较低。

26. 过滤处理的作用和机理是什么？

答：过滤处理的作用就是通过适当的滤层较为彻底地除去水中

的悬浮杂质。过滤的机理一般认为是表面吸附、机械阻留及接触絮凝等综合作用的结果。即当水由上至下流经滤层时，部分悬浮杂质由于滤料的吸附与机械阻留作用，被滤层表面截留下来，并会彼此间因重叠和架桥作用而形成附加的滤膜，进一步起到过滤作用；当水流进滤层中间时，由于吸附和接触絮凝的作用，截留下细小的悬浮杂质。

27. 机械过滤器常用的滤料种类及要求是什么？

答：过滤器常用的滤料有石英砂、无烟煤、活性炭、大理石等。滤料的要求主要有：

（1）要有足够的机械强度。

（2）要有足够的化学稳定性，不溶于水，不能向水中释放出其他有害物质。

（3）要有一定的级配和适当的孔隙率。

（4）价格便宜，货源充足。

28. 碱度较高的原水为什么要进行降碱处理？

答：对于蒸汽锅炉来说，碱度过高的原水进入锅炉后，会因炉水浓缩导致碱度不断上升。炉水碱度过高，不但易恶化蒸汽质量，而且有可能引起苛性腐蚀，如果要维持一定的碱度，就需增大锅炉排污率，造成很大的能源浪费。因此，碱度较高的原水需进行降碱处理。

29. 氢离子交换处理后为什么要设置除碳器？

答：氢离子交换处理后，原水中的碳酸盐都转化成 CO_2，易用除碳器将其除去。氢—钠离子交换处理，可降低水中的碱度；除盐处理，可除去碳酸根及碳酸氢根，极大地有利于阴床除去硅酸氢根，可有效降低阴床碱耗，提高出水水质。

30. 影响除碳器除碳效果的因素主要有哪些？

答：（1）pH 值。水的 pH 值越低，碳酸盐越易转化成 CO_2 而被除去。

（2）温度。温度越高，CO_2 在水中的溶解度越小，越易除去。

（3）设备结构。布水越均匀，水流分散越好，水与空气接触时间长，接触面积大，效果越好。

31. 一级除盐处理系统由阳床→除碳器→阴床的工作次序是否可互换？为什么？

答：除盐系统中阳床和除碳器应设在阴床之前，不可互换，原因如下：

（1）阳树脂的交换容量大，化学稳定性相对较好，抗污染能力较阴树脂强，且价格比阴树脂低得多，设在前面可保护阴树脂。

（2）经阳床处理后，原水中的碳酸盐转化成 CO_2，易用除碳器除去，减轻阴床负担。且水的 pH 值降低后，可提高阴树脂的工作交换容量。

（3）如果水中 Na^+ 不除去，阴床除硅会更困难，因此先经阳床除去 Na^+，可提高除盐水的质量。

（4）若水先经阴床处理，在运行中将会析出 $Mg(OH)_2$、$Fe(OH)_3$、$CaCO_3$ 等沉淀物，包裹树脂，以致除盐系统不能正常运行。

32. 影响阴床除硅效果的因素主要有哪些？

答：（1）再生剂选用及再生程度。应采用质量好的强碱，尽量提高再生程度，有利于除硅。

（2）进水要求。进水 pH 值越低，越有利除硅。Na^+ 含量高（阳床漏钠），将影响除硅效果。

（3）其他阴离子的影响。其他阴离子含量高，尤其是 HCO_3^- 含量高，将增加除硅难度；在强阴床前设置弱阴床，使大部分强酸性阴离子通过弱阴树脂除去，将显著提高除硅效果。

33. 简述离子交换混床除盐的原理。

答：离子交换混床是将阴、阳离子交换树脂按照一定的比例均匀混合在一个交换器中，可以看作是许多阴、阳离子交换树脂交错排列的多级式复床。在与水接触时，阴、阳离子交换树脂对于水中阴、阳离子的交换、吸附几乎是同步的，交换出来的 H^+ 和 OH^- 很快化合成水，可较为彻底地除去水中的盐类物质，显著提高水的纯度。

34. 为什么一级除盐系统中，阳床尚未失效，阴床先失效时，除盐水电导率先下降后上升？

答：在一级除盐系统中，正常运行时，阳床出水含 H^+ 和微量 Na^+，阴离子交换后产生 OH^- 和微量硅酸根，OH^- 和与 H^+ 结合成纯水，Na^+ 与硅酸根结合成硅酸钠，由于硅酸钠是强碱弱酸盐，因此阴床出水往往因硅酸钠的水解而略呈碱性。当阴床开始失效时，离子交换产生的 OH^- 减少，出水碱性降低，硅酸根含量增高，因为硅酸根是一种很弱的电介质，所以当阴床初步失效时，会使阴床出水电导率短时间内下降。但随着阴床的进一步失效，部分强阴离子得不到交换，残留的盐酸、硫酸甚至会使出水呈酸性，使阴床出水电导率很快上升。

35. 微滤、超滤、纳滤的区别是什么？

答：（1）微滤是采用特种纤维素或高分子聚合物制成的微孔滤膜作为过滤介质的过滤过程。

（2）超滤是介于微滤和纳滤之间的一种膜过滤过程。水在压力推动下，流经膜表面，小于膜孔的溶剂（水）及小分子溶质透过膜，成为净化液（滤清液），比膜孔大的溶质被截留，成为浓缩液，随水流排出。

（3）纳滤是介于超滤及反渗透之间的分离过程，对特定的溶质具有高脱除率，主要去除直径为 1nm 左右的溶质粒子。

36. 什么是浓差极化？

答： 由于水透过膜而使膜表面的溶质浓度增加，在浓度梯度作用下，溶质与水以相反的方向向本体溶液扩散，在达到平衡状态时，膜表面形成溶质浓度分布边界层，其对水的透过起着阻碍作用，这种现象称为浓差极化。

37. 渗透、渗透压、反渗透的定义各是什么？

答：（1）渗透指稀溶液（水）一侧通过半透膜向浓溶液一侧自发流动的过程。

（2）渗透压是用半透膜把两种不同浓度的溶液隔开时发生渗透现象，到达平衡时半透膜两侧溶液产生的位能差。

（3）反渗透是以高于渗透压的压力作为推动力，利用选择性膜只能透过水而不能透过溶质的选择透过性，从水体中提取淡水的膜分离过程。

38. 膜性能指标有哪些？按运行压力分，反渗透膜可分为几类？

答： 膜的性能主要有两个参数表征：选择性和通量。选择性可用截留率 R 或分离因 □ 来表示，膜的通量或渗透速率是表示单位时间通过单位面积膜的流量。

按运行压力分，反渗透膜可分为低压反渗透膜和高压反渗透膜。低压反渗透膜指操作压力在 2.0MPa 以下的反渗透膜。高压反渗透膜指操作压力在 2.0 ~ 4.0MPa 的反渗透膜。

39. 什么是复合膜？其是对称膜还是非对称膜？

答：复合膜是用两种不同的膜材料，分别制成具有分离功能的表面活性层（致密分离层）和起支撑作用的多孔层组成的膜，是非对称膜。

40. 简述微滤的分离机理。

答：微滤的分离机理因其结构上的差异而不尽相同，通常认为，微滤的截留作用大体可分为以下几种：

（1）机械截留作用。指膜具有截留比它孔径大或与孔径相当的微粒等杂质的作用，即过筛作用。

（2）物理作用或吸附截留作用。如果过分强调筛分作用就会得出不符合实际的结论。除了要考虑孔径因素之外，还要考虑其他因素的影响，其中包括吸附和电性能的影响。

（3）架桥作用。通过电镜可以观察到，在孔的入口处，微粒因为架桥作用同样被截留。

（4）网络型膜的网络内部截留作用。这种截留是将微粒截留在膜的内部而不是在膜的表面。

41. 微滤膜的材料和应用领域有哪些？

答：微滤膜材料较多，主要有聚四氟乙烯、聚丙烯、聚酰胺和纤维素，聚合物有纤维素酯、聚碳酸酯、聚砜、聚醚砜、聚醚酰亚胺、聚氯乙烯、聚乙烯、聚偏氟乙烯等。

微滤主要用于将大于0.1μm的粒子与溶液分离的场合，在工业上主要用于灭菌液体的生产，制造超纯水和空气过滤。

微滤在电子工业超纯水制造中有两个主要应用：一是反渗透及超滤的前处理，目的是保证反渗透器和超过滤器的进水污染指数（*SDI*）合格；二是终端过滤，滤除水中极痕量的悬浮胶体和霉菌等。

42. 膜污染的形成机理是什么？污染后常用的化学清洗方法有哪些？

答：膜污染的形成机理一般认为有以下四个方面：

（1）由于膜表面上溶质的浓度成梯度增加，形成浓差极化，使得膜的通量下降。

（2）被分离的溶质在膜表面或膜孔内形成阻塞，造成通量下降。

（3）被分离溶质在膜表面或膜孔内沉积而吸附其他的分子，形成污染。

（4）在低流速时，浓差极化使膜表面的溶质浓度大于其饱和溶解度，形成凝胶层。

膜污染后，清洗方法主要有：酸碱清洗、络合剂清洗、氧化剂清洗、酶清洗等。

43. 简述超滤的分离机理。

答：超滤与微滤的分离机理相同，根据超滤微孔孔径的大小（0.02 ~ 10μm）来过滤含有微粒或菌体的溶液，将其从溶液中除去。在超滤过程中，溶质被截留的过程可分为以下三种情况：

（1）溶质在膜表面和微孔孔壁上被吸附（即一次吸附）。

（2）与微孔孔径大小相当的溶质堵塞在微孔中被除去（即堵塞）。

（3）颗粒大于微孔孔径的溶质被机械截留在膜表面（即发生所谓的机械筛分）。

44. 什么是卷式膜组件？

答：卷式膜元件又称为螺旋卷式膜组件，是目前反渗透、超滤及其他分离过程中最重要的膜组件形式。

卷式膜组件中间为多孔支撑材料，两边是膜的“双层结构”，也就是把膜的多孔支撑体、膜、原水侧隔网依次叠合，绕中心集水管紧密地绕卷在一起，形成一个膜元件，再装进圆柱形压力容器里，构成一个螺旋卷式膜组件。被处理的水沿着与中心管平行的方向在隔网中流动，浓缩液由压力容器的另一端引出，而渗透液（淡水）汇集到中央集水管中被引导出来。在实际应用中，通常是把几个膜元件的中心管密封串联起来，再安装到压力容器中，组成一个单元。

45. 什么是中空纤维膜组件？其优点是什么？

答：中空纤维膜是一种极细的空心膜管，本身不需要支撑材料就可以耐很高的压力。它是一根厚壁的环柱体，纤维的外径为 50 ~ 200μm，内径为 25 ~ 42μm，具有在高压下不产生形变的强度。

中空纤维膜组件是把大量（有时是几十万根或更多）中空纤维膜弯成 U 形，装入圆筒形耐压容器内，纤维束的开口端用环氧树脂浇铸成管板。纤维束的中心轴部安装一根原水分布管，使原水径向均匀流过纤维束。纤维束的外部包以网布使纤维束固定并促进原水的湍流状态。淡水透过纤维的管壁后，沿纤维的中空内腔，经管板流出；被浓缩了的原水则在容器的另一端排出。

中空纤维膜组件的主要优点是单位体积内的有效膜表面比率高，可采用透水率较低，而物理化学稳定性好的尼龙中空纤维，不需要支撑材料，寿命可达 5 年。

46. 电渗析和电脱盐的区别是什么？

答：电渗析是以电位差为推动力，利用阴、阳离子交换膜对水溶液中阴、阳离子的选择透过性，使一个水体中的离子通过膜转移到另一个水体中的物质分离过程，可实现溶液的淡化、浓缩、精制或纯化等工艺过程。

电脱盐，也称为电除盐，是将电渗析与离子交换技术相结合，在电渗析器的淡水室中填充离子交换剂，在直流电场的作用下，实现电渗析、离子交换除盐和离子交换连续电再生的过程。

47. 反渗透膜水通量、产水量、回收率、膜通量恢复率、盐透过率的定义是什么?

答:（1）反渗透膜水通量，指单位面积的反渗透膜在恒定的压力下，单位时间内透过的水量。

（2）反渗透膜产水量，指在恒定的压力下，单位时间内透过的水量。

（3）反渗透回收率，指反渗透产水量占进水量的百分比。

（4）膜通量恢复率，指膜清洗后，在相同的温度、进口压力、流量下测定的通量增值与原始通量和污染后的通量差值的比值。

（5）盐透过率，指反渗透产水中溶质浓度与进水溶质浓度之比。

48. 什么是膜分离技术?

答: 膜分离技术是利用膜对混合物各组分选择渗透性能的差异，实现分离、提纯或浓缩的新型分离技术。组分通过膜的渗透能力取决于组分分子本身的大小与形状、分子的物理及化学性质，分离膜的物理、化学性质及渗透组分与分离膜的相互作用关系。

49. 简述反渗透系统产水量上升、电导率升高的原因及处理方法。

答:（1）膜表面破损。最前端的膜元件最易因进水中的某些晶体或尖锐外缘的金属颗粒产生磨损。可通过显微方式检查膜的表面，及时更换膜元件，并改善预处理工况。

（2）内连接密封损坏，造成进水渗透至产水侧。检查容器内组件电导率，对查出的问题作相应的处理。

（3）刚清洗完毕。刚清洗结束就开始运行时，可先将运行初期的产水排放掉。

（4）进水温度升高。水的黏度下降，导致水的透过速度增加，与此同时溶质含量也升高。应及时对加热器温度进行调整。

50. 影响超滤的因素有哪些？简述超滤产水水质差的原因及处理方法。

答：影响超滤的因素主要有操作压力、流速、温度、操作时间、浓差极化料液浓度、料液的预处理、膜的寿命、膜的清洗等。

超滤产水水质差的原因及处理方法如下：

（1）进水水质变化大。应及时查找进水水质差的原因，采取相应的措施。

（2）断丝内漏。断丝的原因一般是由膜丝振动太大引起的，反洗时膜丝振动是不可避免的，发现断丝后要及时抽出破损的膜丝，进行封堵。

（3）污染严重。超滤装置运行中，膜表面会被截留的各种有害杂质覆盖，甚至膜孔也会被更为细小的杂质堵塞而使其分离性能下降，可采用反洗或化学清洗的方法清除污物。

51. 简述超滤中进、出口压差增大的原因及处理方法。

答：（1）膜积污多。超滤膜表面在运行过程中不断形成新的沉积物，因此需要定期进行反洗。

（2）膜污染。天然水中杂质很多，预处理不当会造成装置污染。超滤膜污染主要是由有机物、胶体物质、细菌等污染造成的。检查发现污染后，应及时进行化学清洗。

（3）进水温度突然降低。进水温度一般控制在 5 ~ 40℃，温度突然降低会引起水分子黏度增加，扩散性减弱，因此必须调整加热器保证水温在要求的范围内。

52. 简述反渗透系统给水污染指数高的原因及处理方法。

答：（1）过滤器运行时间长。应按期进行化学清洗。

（2）原水水质变化污染过滤器。查明原因，缩短清洗周期或加强预处理。

（3）超滤断丝内漏。查漏、更换组件。

（4）保安过滤器滤芯污堵。更换保安滤芯。

53. 简述膜分离技术的优点。

答：膜分离技术与传统分离技术不同，它是基于材料科学发展而形成的分离技术，是对传统分离过程或方法加以变革后的分离技术，具有过程简单、在常温下进行、无相态变化、无化学变化、操作方便、分离效率高、节能、适应能力强、无污染等优点。

54. 简述超滤膜化学清洗的步骤。

答：（1）用透过水在清洗水箱配制药液。

（2）在进行清洗之前，将超滤装置内的水排净。

（3）先采用正洗方式对系统进行循环化学清洗 30 ～ 45min。再以产水方式对系统进行循环化学清洗 30 ～ 45min。如果需要，再进行化学试剂的浸泡。

（4）用进水低压低流量冲洗超滤装置，将装置内的废液排放至中和池内处理，以免造成环境污染。待排放液的 pH 值达到 6 ～ 8，即可停止。

55. 纳滤有哪些特点？

答：纳滤膜结构绝大多数是多层疏松结构，与反渗透相比较，即使在高盐度和低压条件下也具有较高渗透通量。因为无机盐能通过纳滤膜而透析，使得纳滤的渗透压远比反渗透低，在保证一定的膜通量的前提下，纳滤过程所需的外加压力比反渗透低得多。而在同等压力下，纳滤的膜通量则比反渗透大得多。

此外，纳滤能使浓缩与脱盐的过程同步进行，因此用纳滤代替反渗透，浓缩过程能有效快速地进行，并达到较大的浓缩倍数。由于具备以上特点，使得纳滤膜可以同时进行脱盐和浓缩并具有相当快的处理速度。

56. 简述纳滤分离机理。

答：纳滤的分离机理近似机械筛分。当溶液由泵增压后进入纳滤膜时，在纳滤膜表面发生分离，溶剂和其他小分子量溶质透过纳滤膜，相对大分子溶质被纳滤膜截留，从而达到分离和纯化的目的。

57. 常见的反渗透污染现象有哪几种？简述反渗透膜的性能特点。

答：常见反渗透污染现象主要有膜降解、沉积物沉积、胶体沉积、有机物沉积、生物沉积。

反渗透膜一般具有以下性能特点：高脱盐率；高透水率；具有高机械强度和良好的柔韧性；化学稳定性好，耐氯及酸、碱腐蚀，抗微生物侵蚀；抗污染性能强，适用 pH 值范围广；制备简单，造价低，原料充足，便于工业化生产；耐压密性好，可在较高温度下使用。

58. 简述反渗透过程的原理。

答：反渗透过程是利用半透性膜分离去除水中的可溶性固体、有机物、金属氧化物、胶体物质及微生物。原水以一定压力通过反渗透膜，水透过膜的微小孔径，经收集后得到淡水，而水中的杂质在浓溶液中浓缩被排出。

59. 反渗透膜分为哪些类型？反渗透处理系统预防无机垢的处理方法有哪些？

答：以材质分，有醋酸纤维素膜、芳香族聚酰肼膜、芳香族聚酰胺膜等；按结构分，有非对称膜和复合膜两类；按组件分，有中空纤维式膜、卷式膜、板框式膜和管式膜；按照操作压力分，分为低压膜、高压膜、超低压膜。

反渗透系统预防无机垢的方法有加酸、加阻垢剂、脱氯。通常清洗反渗透膜无机垢采用在线清洗或离线清洗，以膜通量的恢复和污染阻力的减少来评价反渗透膜清洗效果。

60. 简述反渗透膜清洗条件。

答：在正常的操作过程中，反渗透元件内的膜片会受到无机盐垢、微生物、胶体颗粒和不溶性的有机物质的污染。操作过程中这些污染物沉积在膜表面，导致产水流量和脱盐率下降。当出现下列情况时，需要对膜元件进行清洗。

（1）产品水量（膜通量）比正常时下降 5% ~ 10%，对于系统的清洗应选择合适的时间，如产水量衰减最好控制在 10% 内，这样可以使系统处于比较好的状况下进行有效恢复，否则由于衰减太多，可能造成系统无法恢复等缺陷。

（2）为保证产品水量，修正后的供水压力增加 10% ~ 15%。

（3）透过水质电导率（含盐量增加）增加 5% ~ 10%。

（4）对多段反渗透系统，通过不同段的压力明显下降。

61. 浓差极化对反渗透膜有哪些影响？

答：（1）由于界面层中的浓度很高，相应地会使渗透压升高。渗透压升高后，势必会使原来运行条件的产水量下降，为达到原来的产水量，就要提高给水压力，使产品水的能耗增大。

（2）由于界面层中盐的浓度升高，膜两侧的给水浓度增大，使产品水盐透过量增大。

（3）由于界面层的浓度升高，对易结垢的物质增加了沉淀的倾向，导致膜的垢物污染。为了恢复性能要频繁地清洗垢物，并可能造成不可恢复的膜性能下降。

（4）形成的浓度梯度，虽采取一定措施使盐分扩散离开膜表面，但胶体物质的扩散要比盐分扩散速度小数百数千倍，因而浓差极化是促成膜表面胶体污染的重要原因。

浓差极化的结果是盐水的渗透压加大，因而反渗透所需的压力也得增大；此外，还可能引起某些难溶盐在膜表面析出。因此，在运行中必须保持盐水侧呈紊流状态以减轻浓差极化的程度。

62. 简述电除盐装置的工作原理。

答：电除盐装置一方面利用电场的作用使水中的杂质离子被迁移，另一方面填充的离子交换树脂与给水中的阳、阴杂质离子进行交换，使杂质离子被去除。

当离子交换树脂失效后，可通过电除盐装置中的电流电解水产生 H^+ 和 OH^-，对失效的离子交换树脂进行连续再生，不用像传统的离子交换装置那样需要周期性地停止和再生。

63. 简述电除盐技术的特点。

答：电除盐技术既保留了电渗析可连续脱盐及离子交换树脂可深度脱盐的优点，又克服了电渗析浓差极化所造成的不良影响，以及离子交换树脂需用酸、碱再生的麻烦和造成的环境污染。

与传统的离子交换树脂相比，电除盐设备体积小，占地面积少；无化学危险品使用，不用酸碱再生，无废酸、废碱排放；产水水质好，可连续再生；启动运行简单，维护方便，性价比高；采用无渗漏设计，更换容易，且无须停机；有多种流量组合，既可连续运行，也可间断运行，是一种高效无污染的清洁生产新技术。

64. 电除盐浓水室电导率低的原因有哪些？

答：（1）浓水排放量大。浓水排放量大，会降低浓水室电导率；但排放量过大，使产水回收率降低，制水成本增加，因此必须减少浓水排放量。

（2）进水电导率明显降低。进水电导率低，很难维持足够大的系统电流，不能保证产水质量，必须向浓水系统加 NaCl 以提高其电导率。

（3）加盐系统故障。

65. 电渗析运行中电流下降时应进行哪些检查？

答：应首先检查电源线路系统接触是否良好，检查膜的出、入口压力是否正常，脱盐率是否有所降低。一般来说，当电渗析的电气部分线路接触良好时发生电流下降，表明电渗析膜结垢可能被污染，导致膜阻力增大，使工作电流下降，这时往往需要进行膜的清洗工作。

66. 如何减弱浓差极化对反渗透的影响？

答：（1）要严格控制膜的水通量。

（2）严格控制回收率。

（3）严格按照膜生产厂家的设计导则指导系统运行。

67. 什么是离子交换树脂的全交换容量和工作交换容量？

答：全交换容量指定量的离子交换树脂中活性基团的总量，它反应的是交换树脂中所有交换基团全部起作用时所能交换离子的量。

工作交换容量指交换树脂在工作状态下所能交换离子的量，一般用体积单位来表示。

68. 什么是离子交换树脂再生剂耗量、盐耗、酸耗、碱耗?

答: 当离子交换达到饱和时，离子交换树脂即失效，失效后需恢复其交换能力。一般情况下，失效的阳离子交换树脂采用盐酸再生，失效的阴离子交换树脂采用氢氧化钠再生。

离子交换树脂再生剂耗量指使离子交换树脂恢复 1mol 交换能力所消耗的纯再生剂的克数。根据再生剂的不同，又分为盐耗、酸耗、碱耗。

盐耗指钠离子交换树脂每恢复 1mol 交换能力所消耗的食盐（以纯 NaCl 计）的克数。

酸耗指氢型离子交换树脂每恢复 1mol 交换能力所消耗的盐酸（以纯 HCl 计）或硫酸（以纯 H_2SO_4 计）的克数。

碱耗指氢氧型离子交换树脂每恢复 1mol 交换能力所消耗的氢氧化钠（以纯 NaOH 计）的克数。

69. 什么是离子交换树脂再生剂比耗、周期制水量、再生自耗水率?

答: 离子交换树脂再生剂比耗是再生剂耗量与再生剂摩尔质量之比。

离子交换树脂周期制水量是交换器再生后，开始投运制水至失效这一周期内所制取的产品水总量。

离子交换树脂再生自耗水率是再生过程的耗水总量（其中不包括大反洗的耗水）与离子交换树脂的体积比。

70. 新离子交换树脂进行预处理的原因是什么?

答: 离子交换树脂常含有少量低聚物和未参加反应的单体，还含有铁、铅、铜等无机杂质。当离子交换树脂与水、酸、碱或其他溶液接触时，上述物质就会转入溶液中，影响出水质量。因此，新树脂在使用前必须进行预处理。

71. 离子交换树脂应如何进行预处理?

答: 量取适量体积的离子交换树脂，置于交换柱中，用纯水进行反洗，离子交换树脂的展开率为50%~100%，直到试样中无可见机械杂质，出水澄清时为止。在预处理装置中，使液面高出离子交换树脂层约10mm，保证离子交换树脂中无气泡。

按照表2-1中规定的条件进行操作。在预处理过程中始终保持液面高出离子交换树脂层约10mm。将预处理后交换柱中的试样转入广口瓶内待测，保证广口瓶中纯水液面高出离子交换树脂层约10mm。

表2-1　　试样预处理条件

<table>
<tr><th colspan="2">试样种类</th><th>强酸</th><th>弱酸</th><th>强碱</th><th>弱碱</th></tr>
<tr><td rowspan="6">第一步操作</td><td>试剂</td><td>HCl</td><td>NaOH</td><td>NaOH</td><td>HCl</td></tr>
<tr><td>试剂浓度（mol/L）</td><td colspan="4">1</td></tr>
<tr><td>试剂剂量（mL）</td><td colspan="4">8倍树脂体积</td></tr>
<tr><td>试剂处理时间（min）</td><td colspan="4">30</td></tr>
<tr><td>纯水用量（mL）</td><td colspan="4">8倍树脂体积</td></tr>
<tr><td>纯水水洗时间（min）</td><td colspan="4">20 ~ 30</td></tr>
<tr><td rowspan="7">第二步操作</td><td>试剂</td><td>NaOH</td><td>HCl</td><td>HCl</td><td>NaOH</td></tr>
<tr><td>试剂浓度（mol/L）</td><td colspan="4">1</td></tr>
<tr><td>试剂剂量（mL）</td><td colspan="4">8倍树脂体积</td></tr>
<tr><td>试剂处理时间（min）</td><td colspan="4">30</td></tr>
<tr><td>纯水用量（mL）</td><td colspan="4">25 ~ 30</td></tr>
<tr><td>指示剂</td><td>酚酞</td><td>甲基橙</td><td>甲基橙</td><td>酚酞</td></tr>
<tr><td>终点颜色</td><td>无色</td><td>黄色</td><td>黄色</td><td>无色</td></tr>
</table>

72. 简述离子交换树脂的工作原理。

答: 离子交换树脂的工作目的是净化工作介质。离子交换树脂的工作原理即是使用自身功能基团上的游离单元（火力发电厂水处理用离子交换树脂常见的游离单元有 H^+、Na^+、OH^-、Cl^-）将所接触到的介质（通常指的是水，也可以是油、气体等）中的杂质离子置换，以对介质中的杂质粒子进行有效控制。

离子交换树脂工作是通常使用动态法，即介质以恒定速度流过离子交换树脂层，介质中的杂质在流过树脂层时被树脂层吸附置换，以此达到净化介质的目的。

73. 离子交换树脂对水处理系统的意义是什么？

答：在火力发电厂水处理工艺中，需要对水中的杂质含量进行严格控制，目的是防止锅炉运行过程中可能出现腐蚀、结垢等影响锅炉安全、稳定、经济运行的情况发生。

原水通过絮凝沉降等工艺处理后，水中大颗粒杂质得到有效清除，但水中的各类杂质离子无法有效清除。离子交换树脂就是使用不会对锅炉运行产生影响的离子对水中杂质进行置换，使水质可以满足锅炉运行的要求。

74. 离子交换树脂的运行方式有哪些？

答：目前火力发电厂水处理用离子交换树脂常见的运行方式有以下三种：

（1）浮动床，即一种逆流再生的固定床离子交换器，具有运行流速高，再生时不易乱层，操作容易，设备体积较小等优点。

（2）双层床，即在同一交换器内装有强、弱两种树脂的联合应用工艺固定床离子交换树脂，一般上层为弱型，下层为与之对应的强型，具有出水水质好，再生剂消耗量低，周期制水量大等优点。

（3）混合床，即两种树脂按一定比例装入同一个交换器中，一般使用强酸、强碱树脂，具有出水水质优良且稳定，同时间断运行对出水水质的影响小等优点。

75. 离子交换树脂净水系统的优缺点有哪些?

答: 使用离子交换树脂进行火力发电厂水处理,具有基础投资较少,设备结构简单,运行维护方便,操作便捷,净水水质优秀等优点。同时,因为离子交换树脂的工作原理,也会带来一定的缺点。例如单个交换器无法持续运行,需要额外配备水箱;需要酸、碱进行再生处理,会给废水处理带来额外的压力;无法继续使用的离子交换树脂对环境有一定的危害,存在固体废弃物的问题等。

76. 简述导致离子交换树脂性能劣化的原因。

答: 在离子交换水处理系统的运行过程中,各种离子交换树脂常常会出现性能逐渐劣化。一种原因是树脂的本质发生变化(如被氧化),即其化学结构受到破坏,或物理结构受到机械性损伤(如破损),这种情况下造成树脂性能的劣化无法恢复。另一种原因是树脂受到外来杂质的污染,可采用适当的措施进行再生复苏,消除污染物后树脂的性能可以在一定程度上恢复。

(1)氧化。

1)阳树脂。阳树脂在应用中变质的主要原因是由于水中的氧化剂。当温度高时,树脂受氧化剂氧化更为严重。若水中有重金属离子,因其催化作用,使得树脂变质加速。阳树脂氧化后,颜色变浅,体积变大,易碎,体积交换容量下降。

2)阴树脂。阴树脂的化学稳定性比阳树脂要差,所以它对氧化剂和高温的抵抗力也更差。除盐系统中,阴离子交换器一般布置在阳离子交换器之后,一般只是溶于水中的氧对阴树脂起破坏作用。运行时提高水温会使树脂的氧化速度加快。

(2)破损。在运行中,如果树脂颗粒破损,会产生很多碎末,碎末的增加会加大水处理系统的运行阻力,引起水流不均匀,进一步使树脂破裂。破裂的树脂颗粒流入给水系统中,会造成给水污染。

77. 离子交换树脂被污染堵塞的原因有哪些?

答: 离子交换树被污染堵塞的原因很多，大致有以下五种。

（1）悬浮物污堵。原水中的悬浮物会堵塞在树脂层的空隙中，从而增大水流阻力，也会覆盖在离子交换树脂颗粒的表面，阻塞颗粒中微孔的通道，从而降低其工作交换容量。要防止污堵，需加强原水的预处理，减少水中悬浮物的含量；为了清除树脂层中的悬浮物，还需做好交换器的反洗工作。

（2）铁化合物的污染。在阳床中，易于发生离子性污染。由于阳树脂对 Fe^{3+} 的亲和力很强，吸收 Fe^{3+} 后不容易再生，变为不可逆转的反应。同时，在阴床和阳床上，易发生胶体态或悬浮态的 $Fe(OH)_3$ 的污堵。铁化合物在树脂层中的积累，会降低其交换容量，也会污染出水水质。清除铁化合物的方法通常是用具有抑制剂的高浓度盐酸长时间处理树脂，也可用柠檬酸、氨基三乙酸、EDTA 络合剂等处理。

（3）硅化合物污染。硅化合物污染发生在强碱性阴离子交换器中，其现象是树脂中硅含量增大，用碱液再生时这些硅不容易洗脱，导致阴离子交换器除硅效果下降。

（4）油污染。如果有油漏入交换器，会使得树脂交换容量迅速下降，水质变坏。一旦发生油污染，可发现树脂抱团，水流阻力加大，树脂密度减小等。可采用 38% ~ 40% 的 NaOH 溶液或适当的溶剂和表面活性剂清洗。

（5）有机物污染。离子交换树脂吸附有机物后，再生和清洗无法彻底清除，使得树脂中有机物含量越积越多，工作交换容量下降，出水水质变差。被污染的树脂常常染色发暗，并伴有恶臭气味。

78. 离子交换树脂对使用温度的要求有哪些?

答: 各种树脂均有一定的耐热性能，在使用中对温度要求都有一定的界限，过高或过低都会严重影响树脂的性能。温度过低，例如小于0℃时，树脂内部水分冻结会撑破树脂结构，使其机械强度降低，甚至破碎。温度过高，会使树脂产生热分解，使树脂功能基团变性、骨架分子断裂等，造成树脂交换容量下降，出水水质劣化。

一般来说，阳树脂比阴树脂耐热性能好，盐型树脂比氢型或氢氧型树脂好。如果需要长期存储树脂，最好将树脂转型为盐型（即阳树脂转型为钠型，阴树脂转型为氯型），并浸泡在水中，存储温度宜为0～40℃。如果存储过程中树脂发生脱水，应先用浓盐水（如10%的氯化钠溶液）浸泡，然后进行逐步稀释，防止树脂急剧膨胀导致破碎。

79. 阳床为什么总在除盐系统的前端?

答：阳床在交换过程中，水中的阳离子被 H^+ 取代，H^+ 浓度增大。在离子交换平衡过程中，使反离子干扰作用增强，由于强酸性阳离子交换树脂交换容量较大（几乎是强碱性阴离子交换树脂的3倍），抗反离子干扰能力强，所以放在除盐系统前端。如果阴床在前端，在离子交换过程中有可能生成 $CaCO_3$、$Mg(OH)_2$ 和 $Fe(OH)_3$ 等沉淀附着在树脂表面，使树脂受到污染。强酸性阳树脂的抗污染能力、耐热性能、机械强度等均要好于阴树脂，将阳床靠前布置还会给强碱性阴床除硅创造有利条件。

80. 阴床为什么要设置在阳床之后?

答：阳床出水含有大量 H^+，使得进入阴床的水呈现酸性，这样可以使得阴树脂交换出来的 OH^- 能立即被中和，极大减小了反离子的干扰作用，使阴离子交换反应能够较彻底地进行。同时，酸性环境对除去水中碳酸根、硅酸根等弱酸十分有利。

强型阴离子交换树脂的抗污染能力差，如果将阴床设置在阳床之前，水中的金属离子会与交换生成的 OH^- 反应，产生大量的 $Ca(OH)_2$、$Mg(OH)_2$ 和 $Fe(OH)_3$ 等沉淀物质，对阴树脂造成极大污染。同时，含有沉淀或胶体的水进入阳床也会对阳树脂造成重大损伤。

81. 阳床失效对阴床有哪些影响？

答： 阳床未失效时，出水中含有大量 H^+，与阴床运行时交换出的 OH^- 中和。阳床失效后，出水会首先漏 Na^+，而阴床运行时被交换下来的 OH^- 会与阳床所漏的 Na^+ 结合生成 NaOH，导致阴床出水的 pH 值（或碱度）迅速升高。同时，OH^- 为运行中阴床交换的反离子，阻碍了阴离子交换树脂对硅酸根的吸附。从阴树脂的吸附能力可知 ROH 吸附 OH^- 的能力远大于 $RHSiO_3$，阴树脂对硅吸附能力很弱。因此，阳床失效会造成出水碱度升高及硅含量增大。

82. 氢型交换柱中使用的强酸性阳离子交换树脂有裂纹时，对氢电导测量有哪些影响？

答： 在测量氢电导率时，使用的强酸性阳离子交换树脂有裂纹，则再生后的阳离子交换树脂裂纹中的酸很难被清洗干净，在测量过程中会逐渐释放，导致测量结果偏高。

83. 混床的工作原理是什么？

答： 混床就是在同一个交换器中完成多次阴、阳离子交换过程，以制备更加纯净的水的装置。混床是把阳树脂和阴树脂置于同一台交换器中，可以看作是有许多阳树脂和阴树脂交错排列的多级式复床。在混床中，由于阴、阳树脂是相互混匀的，水的阳离子和阴离子是多次交错进行的，则经阳离子交换生成的 H^+ 和阴离子交换生成的 OH^- 能及时地反应生成 H_2O，基本消除了逆反应的影响，这就使交换反应进行得十分彻底，因此出水水质很好。

84. 混床的工作特点有哪些?

答：由于混床运行方式的特殊性，与复床相比，混床有以下特点：

（1）出水水质优良。制得除盐水电导率小于 0.2μS/cm，SiO_2 小于 20μg/L。

（2）出水水质稳定。工作条件变化对其出水水质影响不大。

（3）间断运行对出水水质影响较小。无论是混床还是复床，当停止工作后再投入运行时，开始出水的水质都会下降，但在较短的时间内就可以恢复正常运行。

（4）混床的运行流速应经调试确定。若流速过慢，则会携带树脂内杂质使得水质下降；若流速过快，水与树脂接触时间短，无法完成交换。

（5）交换终点明显。混床在交换的末期，出水电导率上升很快，有利于监督，而且有利于实现自动控制。

（6）混床设备较少，布置比复床集中。

85. 混床运行时的注意事项有哪些?

答：（1）混床出水一般很稳定，工作条件变化对其出水水质影响不大。

（2）进水的含盐量与树脂的再生程度对出水电导率的影响一般不大，而与混床的工作周期有关。一级除盐水的混床，树脂用量有较大的富余度，其工作周期一般在 15 天以上。

（3）混床的流速应经调试确定，若过慢，则会携带树脂内杂质使得水质下降；若过快，水与树脂接触时间短，无法完成交换。

（4）交换终点明显，混床在交换的末期，出水电导率上升很快，有利于监督，而且有利于实现自动控制。

（5）混床也存在不少缺点，如再生操作复杂，再生时间长，树脂损耗率大，树脂再生度较低，交换容量的利用率较低。

86. 混床应如何进行布置?

答: 混床应设置在一级复床后。原水成分一般较为复杂，各种杂质较多，如果混床设置在一级复床之前，混床则易被严重污染，导致运行周期缩短。由于混床的操作比较复杂，因此一般情况下混床不能布置在阴床前。对于水质较好的进水（如汽轮机凝结水），可以不布置阳床、阴床，而仅单独布置一个混床。混床布置在阴床后，目的是进一步提高出水的纯度。同时，若阴床、阳床失效且监督不及时，容易发生出水水质的恶化事故，而混床布置在阴床之后，可以对出水水质起到保护作用。

87. 离子交换器运行流速的大小对出水质量有什么影响?

答: 流速过快，离子交换过程中离子扩散来不及进行，出水质量难以保证；流速过低，树脂表面水膜增厚，会妨碍交换反应的进行，也使交换器的出力降低。

88. 混床的上、中、下三个窥视孔的作用是什么?

答: 上窥视孔一般用来观察反洗时树脂的膨胀情况。中窥视孔用于观察床内阴树脂的水平面，确定是否需要补充树脂。下窥视孔一般位于阴、阳树脂交界及中排装置处，用于观察混床准备再生前阴阳离子交换树脂的分层情况。

89. 什么是锥斗分离法? 它有哪些特点?

答: 锥斗分离法因分离系统底部设计成锥形而得名。锥体分离系统由锥形分离塔（兼作阴再生）、阳再生塔（兼储存）、混脂塔及树脂界面检测装置组成。锥斗分离法采用常规的水力反洗分层，然后从底部转移阳树脂。转移过程中，从底部向上引出一股水流，托住整个树脂层，维持界面下移。它具有以下特点:

（1）分离塔采用了锥体结构，树脂在下移过程中，过脂断面不断缩小，因此界面处的混脂体积小；锥形底部较易控制反洗流速，避免树脂在过程中界面扰动。

（2）底部进水下部排脂系统，可确保界面平整下降。

（3）树脂输送管上安装有树脂界面检测装置，利用阴、阳树脂具有不同电导率信号（阳树脂的电导率大于阴树脂的电导率）或光电信号来检测阴、阳树脂的界面，控制输送量。

（4）阴树脂采用二次分离，进一步减少其中的阳树脂含量。

90. 钠离子交换器再生后，出水的硬度仍达不到合格的原因可能有哪些？

答：（1）树脂层高度不够，或者运行流速过快，使交换反应来不及进行。

（2）原水硬度过高，一级交换达不到软化要求。这时应考虑二级软化处理，或将原水沉淀软化预处理。

（3）再生系统发生故障，或布盐液装置有缺陷。另外，应特别注意反洗进水阀是否渗漏。

（4）树脂“中毒”或受到严重污染，大大降低了树脂的交换容量。

91. 为什么要控制离子交换器进水中的悬浮物含量？

答：如果进水中悬浮物含量过高，易使树脂结块而造成布水不匀，并会使悬浮物覆盖在树脂表面，严重时甚至有可能堵塞树脂的交联网孔，降低树脂的工作交换容量。因此，离子交换器须控制进水的悬浮物含量。

92. 离子交换器在运行中或再生时发现颗粒完好的树脂跑出，应如何处理？

答：如果是在反洗时（中排装置在大反洗）上排水出现跑树脂

现象，多半是由于反洗强度过大所致，但也可能是反洗水分布不均匀，产生偏流，将树脂冲出。这时应适当降低反洗强度或改善反洗布水装置。

如果发现中排或底部出水中跑出树脂，则需检查交换器的排水装置是否破损，如水帽是否脱落、尼龙网布是否包扎牢固、中排是否断裂等。对于底部排水装置为穹形板加石英砂垫层的，应注意石英砂垫层的规格和高度要严格按要求铺装，否则出水也易跑树脂。

93. 离子交换器运行周期缩短的原因可能有哪些?

答：离子交换器运行周期缩短的原因是多方面的，主要原因有：

（1）离子交换树脂破损或流失多，造成树脂层高度不足。

（2）离子交换树脂受污染严重，部分树脂变质或“中毒”，大大降低了树脂的工作交换容量。

（3）再生不够充分。由于再生剂用量太少或浓度过低、再生流速过快或再生方法不正确等，导致再生程度偏低。

（4）交换器的布水装置损坏、局部阻塞，或有大量空气进入树脂层中，导致偏流，使部分树脂的交换能力得不到利用。

（5）反洗（或大反洗）强度不够，积聚了较多的悬浮物，造成树脂结块或形成泥团。

（6）枯水期原水的硬度增大较多。

94. 离子交换树脂的工作交换容量大小与哪些因素有关?

答：（1）离子交换树脂的粒度。等量的同样性质的树脂，颗粒越小，交换容量越大。但颗粒过小，水流通过树脂层的阻力增大，使制水出力受影响，且易跑失树脂。

（2）离子交换树脂层高度。树脂层越高，工作层增大，树脂的利用率就越高。但除了浮动床，交换器内的树脂不能装得过高，需留有一定的反洗空间。

（3）交换器进、出水的水质。原水的硬度、含盐量及 Na^+ 含量等越高，要求控制的出水水质越高，工作交换容量就越小。

（4）交换器的构造和再生方式。交换器布水是否均匀，交换器直径与树脂层高度的比例等都对工作交换容量有影响。离子交换树脂填装量相同的交换器，直径与高度之比越小，工作交换容量越大。另外，逆流再生比顺流再生的工作交换容量大。

（5）运行及再生时的流速和温度等条件。运行流速过高，会降低工作交换容量。适当提高水温（在允许温度内），可提高工作交换容量。

（6）再生程度。离子交换树脂的再生程度越高，工作交换容量越大。

（7）离子交换树脂本身的质量及受污染程度。树脂在使用中难免会发生不同程度的污染，如不注意处理，将使工作交换容量显著下降。

95. 影响交换器再生效果的因素有哪些？

答：（1）再生方式。逆流再生优于顺流再生。

（2）再生剂用量。用量过少，再生程度差；用量过大，再生程度不会显著增加，经济性却降低。

（3）再生液浓度。浓度过低，降低再生效果；浓度过大，当再生剂用量一定时，再生液体积就小，与树脂的反应不易均匀进行，从而降低再生剂的利用率，而且过高的浓度还会使交换基团受到压缩，使再生效果下降。

（4）再生液流速。流速过快，再生液与树脂接触时间过短，来不及进行交换反应便被排出。对于逆流再生，再生液流速过快，还会造成树脂乱层，大大降低再生效果。但再生液流速过分低，会影响再生平衡的移动，也会使再生效果有所降低。

（5）再生液温度。在允许范围内，适当提高再生液温度，可明显提高再生效果。

（6）再生液纯度。再生液纯度低，如低钠盐、含碘盐等会降低再生效果。当原水硬度较高时，配制再生液最好用软水而不要用原水，以免再生液中反离子含量增高而影响再生效果。

96. 为什么离子交换树脂再生时不能将交换器内的水放空?

答：交换器无论在运行或再生时，水位都始终不能低于树脂层（压缩空气顶压时，中排以上的水需排去的情况除外）。如果将树脂层中的水排空，大量的空气就会进入树脂层中，形成无数个难以排去的小气泡，造成布水不均匀而产生偏流，不但影响再生效果，而且影响运行时的出水水质。

97. 逆流再生离子交换器中间排水装置损坏的可能原因有哪些?

答：（1）在交换器排空的情况下，从底部进水。

（2）在大反洗过程中高速进水，树脂以柱体状迅速上浮，将中间排水装置损坏。

（3）在进再生液的过程中，再生液流速较高，将中间排水装置损坏。

（4）中间排水装置结构单薄，没有加强固定，强度较弱，或托架腐蚀严重。

98. 体内再生混床的主要装置有哪些?

答：体内再生混床的主要装置有：上部进水装置、下部集水装置、中间排水装置、酸碱液分配装置、压缩空气装置和阴阳离子交换树脂装置等。

99. 离子交换器达不到出力的原因有哪些?

答:（1）原水压力低，阀门、管道、泵等有故障。

（2）交换器的进水装置或排水装置堵塞。

（3）树脂被悬浮物等堵塞。

（4）树脂破碎严重，造成阻力急剧增加。

（5）流量表指示不准。

100. 阴床、阳床再生过程中，水往计量箱中倒流的可能原因有哪些?

答:（1）阴床、阳床酸碱入口门开得太小或中排门开得太小。

（2）水力喷射器堵塞，或水源压力太低，或再生泵没有启动。

（3）运行床的进酸碱门不严，水从运行床往计量箱倒流。

101. 为什么离子树脂再生时再生液浓度过低或过高都不好?

答: 再生时再生液浓度应合适，一般采用食盐作再生剂时，顺流再生以 5% ~ 8% 为宜，逆流再生以 4% ~ 6% 为宜。

再生液浓度过低，影响再生平衡的移动，降低再生效果；浓度过高，当再生剂用量一定时，再生液体积就小，与树脂的反应就不易均匀进行，并使部分再生剂没被充分利用，而且过高的浓度还会使交换基团受到压缩，从而使再生效果反而下降。

102. 离子交换器用浸泡方式再生的缺点是什么?

答: 离子交换的反应是可逆反应，再生时，当再生液不断进入（增加反应物浓度），同时排去再生废液（减少生成物浓度）时，可使平衡朝再生方向移动，从而提高再生效果。如果采用浸泡式再生，由于可逆反应达到动态平衡，使部分树脂得不到再生，造成再生程度较差。另外，当采用芒硝（主要成分 Na_2SO_4）或硫酸作再生剂时，再生时生成的 $CaSO_4$ 易在浸泡时沉积在树脂表面，导致树脂受沉淀物污染，降低工作交换容量。

103. 已失水的干树脂为什么不能直接泡入水中？

答： 已失水的干树脂如直接放入水中，会因急剧膨胀而破碎，严重时甚至造成树脂报废。因此，已失水的树脂切不可直接放入水中，而应浸泡在饱和食盐水中，让其缓慢地溶胀，然后逐步稀释食盐溶液，使树脂充分膨胀。

104. 浮动床与一般逆流再生相比有何优缺点？

答： 浮动床与一般逆流再生相比，不但同样具有盐耗低、出水质量好、排废液浓度低等优点，而且再生操作简单，不易乱层。

浮动床缺点如下：

（1）再生时无法反洗。不能及时将悬浮物等杂质洗去，因此经过一段时间运行后，需将树脂移到体外清洗罐清洗，而且对进水浊度要求严格。

（2）需维持一定的进水压力，使树脂层浮动后稳定成床，如果压力过低，或运行启停过于频繁，使树脂层不能形成稳定的浮动床，就会影响出水质量。

105. 简述浮动床的再生运行操作步骤。

答：（1）落床。运行失效后，关闭全部阀门，使树脂层自然落下。

（2）进再生液。开进再生液阀门和倒 U 形管排水阀，使再生液自上而下流经树脂层后排出，流速为 4 ～ 6m/h。

（3）置换。关进再生液阀，稍开正洗进水阀，用软水以进再生液时的方向和流速，利用交换器内的再生液进一步再生。

（4）正洗（也称为向下洗）。开大正洗进水阀，继续用软水以

10 ~ 15m/h 的流速清洗，洗至排水基本合格。正洗结束后，如交换器暂时不用，即可关闭所有阀门，停止操作。

（5）成床清洗（又称为向上洗）。正洗后，关正洗进水阀和倒U形管排水阀，开启下部进水阀和上部排水阀，以 20 ~ 30m/h 的流速成床，使树脂以密实状整体向上浮起。然后继续用向上流的水进行清洗，直至出水水质达到合格标准。

（6）运行。出水合格后，即可关闭上部排水阀，打开出口阀，投入运行，运行流速一般应大于 10m/h。

106. 钠离子交换树脂应怎样进行预处理？

答：一般对于出厂为钠型的离子交换树脂，可直接装入交换器内，通过反洗洗去树脂中的杂质，洗至出水变清，然后用10%的食盐水浸泡 18 ~ 24h，再正洗至出水合格即可。必要时，用盐水浸泡后，再用5%的食盐水按正常的再生方法，再次进行再生、置换和正洗等操作，使出水达到合格。

107. 自动控制软水器主要应根据哪些因素设定再生周期？

答：自动控制软水器的再生周期设定，实际上就是确定周期制水量，主要应根据原水的硬度、交换器内树脂的装载量、树脂的工作交换容量来确定。另外，为了保证运行后期出水硬度不超标，还应考虑适当的保护系数。对于流量型自动软水器，可直接设定周期制水量；对于时间型自动软水器，还应根据锅炉日给水量确定再生日期。

108. 带中排装置的逆流再生离子交换器，采用压缩空气顶压再生时的操作步骤和操作目的是什么？

答：（1）小反洗，目的是洗去压层中的污物。

（2）排水，目的是排去中排以上的水，以便顶压。

（3）顶压，目的是用压缩空气顶压，以防乱层。

（4）进再生液，目的是用再生剂恢复树脂的交换能力。

（5）置换反洗，目的是利用交换器内的再生液进一步再生。

（6）小正洗，目的是洗去压层中的再生废液。

（7）正洗，目的是彻底洗去再生废液，使出水达到合格标准。另外，交换器运行 10 ～ 20 个周期后，在小反洗后应进行一次大反洗，其作用是松动树脂，洗去树脂层中的杂质和污物。

109. 采用低流速逆流再生的无中排离子交换器的再生操作步骤有哪些？

答：再生操作步骤依次是：进再生液→置换反洗→正洗→（合格后）运行。另外，经 5 ～ 10 个周期，在进再生液之前，应进行一次反洗。

110. 离子交换器停用一段时间后，重新启动时为什么先要进行正洗？

答：离子交换反应是可逆反应，当交换器停用时，树脂中的钙、镁离子会重新进入水中，以达到动态平衡。因此，交换器停用一段时间后重新启动，刚开始的出水硬度常常会超标，应先进行正洗，除去水中硬度，使出水合格后才能将水送入给水箱。

111. 给水采用钠离子交换处理时，炉水碱度不断下降的可能原因是什么？

答：一般当给水采用钠离子交换处理时，由于硬度已被除去，炉水中的碱度将会因炉水浓缩而上升。如果炉水碱度不升反降，其最大的可能是给水有硬度，还有可能是因为锅炉有泄漏（如排污阀或锅炉某一部位泄漏）、锅炉高水位运行或汽水共腾，使蒸汽带水。

112. 当交换器及所装树脂量一定时，影响周期制水量的因素主要有哪些？

答：（1）原水的硬度或含盐量。硬度或含盐量越高，周期制水量越小。

（2）交换剂的再生程度。再生程度越高，周期制水量越大。

（3）交换剂的质量及受污染程度。交换剂如受到污染，将会降低其工作交换容量，周期制水量明显减少。

（4）运行时的流速。流速过快，工作层拉长，降低了交换剂利用率，周期制水量减少。

113. 简述逆流再生操作时防止树脂乱层的原因和方法。

答：交换器失效时，往往上层是完全失效的树脂，而下层则只有部分树脂失效。逆流再生时，再生液流向由下至上，其优点是可使首先接触再生液的下层交换剂得到很高的再生程度；而上层交换剂由于被再生置换出来的大量 Ca^{2+}、Mg^{2+} 可立即排出体外，也可得到较好再生。但是如果交换剂的层次被打乱（即乱层），就会丧失逆流再生的优点，使树脂得不到较好的再生。

防止乱层的方法主要有：

（1）顶压，如大直径交换器往往采用压缩空气顶压来防止乱层。

（2）低流速再生，即防止流速过快而扰动树脂。

（3）带中排的交换器可采用加大中间排水装置的开孔面积，同时提高压脂层高度，在无顶压的情况下也可避免乱层。

114. 什么是锅炉水循环、循环倍率？

答：锅炉水循环指锅内水和汽水混合物在锅炉蒸发受热面的闭合回路中，有规律、连续不断地流动的过程。

自然循环锅炉中的水，每经过一次循环，只有一部分水转化为蒸汽。通常将进入循环回路的水量称为循环流量，它与该循环回路中所产生蒸汽量的比值称为循环倍率。

115. 什么是热力系统、锅炉补给水、锅炉给水？

答：热力系统指热力设备按热力循环的顺序，通过管道和附件连接形成的有机整体。

锅炉补给水指原水经过处理后，用来补充锅炉排污和汽水损耗的水。

锅炉给水指直接送进锅炉的水，通常由凝结水、疏水、回水和补给水组成。

116. 什么是汽水共腾？

答：在蒸汽锅炉的蒸发面上，汽水分界模糊不清，大量炉水水滴被带入蒸汽中，以至蒸汽质量极度恶化的现象，称为汽水共腾。

117. 什么是氢电导率、脱气氢电导率？

答：氢电导率指水样经过氢型强酸阳离子交换树脂处理后测得的电导率。交换处理消除了水中氨根的影响，能更好地反映出水中的阴离子总含量。

脱气氢电导率指水样经过脱气处理后的氢电导率。

118. 在锅炉给水标准中采用氢电导率而不用电导率的原因是什么？

答：（1）因为给水采用加氨处理，氨对电导率的影响远大于杂质的影响。

（2）由于氨在水中存在以下的电离平衡

$$NH_3 \cdot H_2O = NH_4^+ + OH^-$$

经过氢型离子交换后可除去NH_4^+，并生成等量的H^+，H^+与OH^-结合生成H_2O。由于水样中所有的阳离子都转化成H^+，而阴离子不变，即水样中除OH^-以外，各种阴离子是以对应酸的形式存在，因此氢电导率是衡量除OH^-以外的所有阴离子的综合指标。其值越小，说明阴离子含量越低。

119. 简述还原性全挥发处理的特点。

答：还原性全挥发处理[all volatile treatment（reduction），AVT（R）]，指锅炉给水加氨和还原剂的处理方式。还原性全挥发处理是在物理除氧后，再加氨和除氧剂，使给水呈弱碱性的还原处理。对于有铜系统的机组，兼顾了抑制铜、铁腐蚀作用。对于无铜系统的机组，通过提高给水pH值抑制铁腐蚀。采用还原性全挥发处理时，个别机组在给水和湿蒸汽系统容易发生流动加速腐蚀。

120. 简述氧化性全挥发处理的特点。

答：氧化性全挥发处理[all volatile treatment（oxidation），AVT（O）]，指锅炉给水只加氨的处理方式。一般采用加氨处理后，无铜系统机组给水的含铁量会有所降低，省煤器和水冷壁管的结垢速率相应降低。

121. 简述加氧处理的特点。

答：加氧处理（oxygenated treatment, OT），指锅炉给水采取加氧的处理方式。采用加氧处理可使给水系统流动加速腐蚀现象减轻或消除，给水的含铁量降低，省煤器和水冷壁管的结垢速率也降低，锅炉化学清洗周期延长。同时，由于给水pH值降低，可使凝结水精处理混床的运行周期延长。但是加氧处理对水质要求严格，对于没有凝结水精处理设备或凝结水精处理运行不正常的机组，给水的氢电导率难以达到小于0.15μS/cm的要求，故不宜采用。

122. 什么是炉水固体碱化剂处理、炉水全挥发处理？

答： 炉水中加入磷酸盐、氢氧化钠等的处理称为炉水固体碱化剂处理。给水加挥发性碱，炉水不加固体碱化剂的处理称为炉水全挥发处理。

123. 汽水质量控制的标准值和期望值的含义是什么？

答： 汽水质量控制的标准值指运行控制的最低要求值。超出标准值，机组有发生腐蚀、结垢和积盐等危害的可能性。

汽水质量控制的期望值指运行控制的最佳值。按期望值控制，可有效地防止机组的腐蚀、结垢和积盐等危害。

124. 什么是闭式循环冷却水？

答： 闭式循环冷却水指用于循环冷却热力系统辅机设备的密闭系统的水，其补充水可以用除盐水、凝结水等。为了保证设备的正常运行，需要重点关注闭式循环冷却水的 pH 值、电导率，相关指标见表 2–2。

表 2–2　　闭式循环冷却水指标（25℃）

材质	电导率（μS/cm）	pH 值
含铁系统	≤ 30	≥ 9.5
全铜系统	≤ 20	8.0 ～ 9.2

125. 发现水质异常时应如何处理？

答：（1）检查取样的样品是否正确。

（2）检查所用的仪器、试剂、分析方法等是否正确，计算有无差错。

（3）检查有关在线表计示值是否正常，设备运行是否正常。

（4）如有条件，可对异常水样进行实验室间数据比对。

（5）如确实证明水、汽质量已经劣化时，会同相关专业分析原因，及时采取措施。若经处理水汽质量仍未改善，并继续恶化，应按照化学监督有关规定，实施降负荷或停机的处理方式。

126. 什么是炉内水处理？

答： 炉内水处理指向锅炉给水或锅炉投加适量的药剂，其与随着给水带入锅炉的结垢物质（主要是钙、镁盐等）发生化学、物理或物理化学作用，生成细小而松散的水渣或悬浮颗粒，并呈分散状态，可通过锅炉排污排出，或在炉内成为溶解状态存在于炉水中，不会沉积在锅炉管壁上发生结垢，从而达到减轻或防止锅炉结垢的目的。

127. 为什么需进行系统查定？

答： 系统查定是对电厂各种汽、水中的铜、铁含量及与铜、铁有关的试验项目进行全面试验，找出系统中腐蚀产物的分布情况，了解其产生的原因，从而采取有效措施，减缓汽水系统的腐蚀。

128. 给水溶氧不合格的原因有哪些？

答： 给水溶氧不合格的原因主要有：

（1）除氧器运行参数（温度、压力）不正常。

（2）除氧器入口溶解氧过高。

（3）除氧器装置内部有缺陷。

（4）负荷变动较大，补水量增加。

（5）排汽门开度不合适。

129. 锅炉热化学试验的目的是什么？

答： 锅炉热化学试验是为了寻求获得良好蒸汽质量的运行条

件，确定锅炉的水质、锅炉负荷，以及负荷变化速度、水位等运行条件对蒸汽品质的影响，从而确定运行控制指标。此外，还可以判定汽包内部汽水分离装置的好坏和蒸汽清洗效果。

130. 什么是离子交换树脂的污染及变质？

答：离子交换树脂在使用过程中，由于有害杂质的侵入，出现树脂性能明显降低的现象，说明树脂已受污染或是变质。

树脂的污染，指树脂的结构无变化，仅是树脂内部的交换孔道被杂质堵塞或表面被覆盖，致使树脂的交换容量明显降低。这种污染通过适当的处理可以恢复树脂的交换能力，即树脂复苏。

树脂的变质（老化），指树脂的结构遭到破坏，交换基团降解或与交联剂相连的链断裂，使交换容量下降。树脂变质后无法进行复苏。

131. 用 pNa 计测定 Na^+ 含量对电厂生产的重要意义是什么？

答：用 pNa 计测定 Na^+ 含量能及时、准确地测定出水汽系统中的钠盐含量。通过测定 Na^+ 含量，可以反映出蒸汽中的含盐量。在电厂生产中，为了避免和减少过热器管与汽轮机内积盐垢，保证热力设备安全、经济运行，对蒸汽质量的要求非常严格，而通过 pNa 计测定蒸汽的微量钠含量，可以起到监督和防止过热器、汽轮机叶片积盐的作用。另外，测定微量钠含量也可作为检查、监督凝汽器是否漏泄，除盐水系统制水质量控制是否正常等的依据。

132. 为什么除盐系统必须装除碳器？

答：因为经过阳床处理的水，其 pH 值一般小于 4.5，所以水中的 H_2CO_3 几乎全部转换成 CO_2，在水中以游离态存在。而 CO_2 对离子交换器有以下两个负面影响，因此除盐系统必须装除碳器。

（1）影响阴离子交换器除硅。因为阴树脂对 HCO_3^- 的吸附能力

大于 $HSiO_3^-$，所以 $HSiO_3^-$ 容易被水流带走，影响除硅。

（2）增加阴床负担，增加再生剂消耗量，缩短阴床运行周期。

除盐系统在阴床前布置除碳器，不仅可以提高阴床出水水质，而且可以降低阴床的再生剂消耗。

133. 钠离子交换器再生后，周期制水量仍不合格的可能原因有哪些？

答：（1）交换树脂的厚度不够，或者水流速度过快。

（2）原水水质发生变化。

（3）再生系统发生故障，应注意反洗进水阀是否渗漏。

（4）离子交换树脂“中毒”或受到其他污染，大大降低了树脂的交换容量。

（5）再生不够充分。

（6）交换器的布水装置损坏、局部阻塞，集聚了较多的悬浮物，造成树脂结块或形成泥团。

134. 离子交换器逆流再生相比顺流再生的特点是什么？

答：再生时再生液流向与运行时水流流向相反的，称为逆流再生。再生时再生液流向与运行时水流流向一致的，称为顺流再生。与顺流再生相比，逆流再生具有盐消耗量低、出水水质好、工作交换容量大、再生废液少、环境污染少的特点，但是再生时必须注意避免交换树脂乱层。

135. 逆流再生为什么可以提高出水水质并降低再生盐耗？

答：交换器出水质量与交换器出水部位交换剂的再生程度有很大关系。以一般固定床交换器为例，当交换剂层（即树脂层）失效时，树脂层的分布状态为上部是失效层，完全被钙镁离子所饱和；中部是工作层，树脂只是部分失效；下部为保护层，树脂未失效。

顺流再生时，由于再生液自上而下，首先接触的是完全失效的树脂层，当流至下部时段再生液浓度大幅降低，而且再生置换出来的钙镁离子反而会污染下部原来尚未失效的树脂层。当在再生剂用量不足时，会造成底部树脂层再生程度不足而影响出水水质。若要使再生彻底，则需要较高的盐耗。

逆流再生时，一方面吸层交换剂总是与新鲜的再生液接触，故可得到较高的再生程度，从而提高出水水质。另一方面，虽然随着再生的进行，有大量钙、镁离子流出，但流出的钙、镁等离子很快被排出，且不会接触未失效树脂层，因此交换器可以得到很好的再生。即使再生程度不足，也不会影响出水水质。因此，逆流再生不仅可以提高出水水质，还可以降低再生盐耗。

136. 简述锅炉水磷酸根含量过高的危害。

答：（1）增加锅炉水含盐量，影响蒸汽质量。

（2）当锅炉水含铁量较高时，容易形成磷酸盐铁垢。

（3）压力较高的锅炉容易发生磷酸盐隐藏现象。

（4）增大生成磷酸盐垢的可能。

（5）浪费药剂，增加锅炉排污水含磷量，不利于环境保护。

137. 简述磷酸盐隐藏现象的含义和危害。

答：锅炉负荷增高时，锅炉水中磷酸钠盐浓度明显下降；而当锅炉负荷降低或停止运行时，锅炉水中磷酸钠盐浓度又重新升高，这种异常现象称为磷酸盐隐藏现象，也称为盐类暂时消失现象。磷酸盐隐藏现象主要有以下四种危害：

（1）磷酸盐附着在金属受热面，容易引起炉管过热、爆管。

（2）与其他沉积物发生反应，生成复杂的难溶性水垢和腐蚀性介质，加剧结垢和腐蚀过程。

（3）发生磷酸盐隐藏现象时，如果锅炉水中 Na^+/PO_4^{3-} 比值过高，在一定条件下产生高浓度游离 NaOH 会导致碱性腐蚀；如果锅炉水中 Na^+/PO_4^{3-} 比值过低，则会导致酸性腐蚀。

（4）锅炉负荷恢复正常后，会造成锅炉水磷酸根超标，增大锅炉排污率。

138. 简述磷酸盐隐藏现象的发生原因和防止措施。

答：发生磷酸盐隐藏现象的主要原因有两种：

（1）与磷酸盐的溶解特性有关。试验表明，Na_3PO_4 在 10℃ ~ 120℃ 范围内，溶解度随水温升高而增大；但当水温超过 120℃时，其溶解度却随水温升高而下降，尤其当水温超过 200℃时，其溶解度随水温升高急剧下降。

（2）与炉管的参数和热负荷有关。热负荷不同时，炉管内水的沸腾和流动工况不同。当锅炉在高热负荷下运行时，水冷壁管热负荷升高，锅炉水的沸腾汽化过程加剧，靠近炉管壁的锅炉水中磷酸盐容易浓缩至饱和或过饱和浓度，从而以固相析出，在金属表面形成沉积物。锅炉参数越高、炉膛热负荷越大、锅炉汽化过程越剧烈，就越容易发生磷酸盐隐藏情况。

防止磷酸盐隐藏现象的主要措施有两种：

（1）降低炉水中磷酸盐含量。在确保给水水质合格的情况下，炉水中的 PO_4^{3-} 含量宜尽量维持在标准下限。对于亚临界及以上的高参数锅炉，在确保给水长期无硬度的情况下，采用低磷酸盐处理或平衡磷酸盐处理。

（2）保持正常的运行工况，避免锅炉负荷过高。

139. 凝结水处理与补给水处理的混床有什么不同?

答：（1）凝结水处理的混床多数采用体外再生，并以较高的流速运行，一般可达到 90 ~ 120m/h。

（2）凝结水处理的混床对树脂的强度要求更高。

（3）阴、阳树脂的比例不同。补给水处理的混床中阳树脂与阴树脂之比一般为 1∶2，凝结水处理的混床中阳树脂与阴树脂之比一般为 2∶1。

（4）凝结水处理的混床对再生剂纯度和剂量的要求更高。

140. 离子交换器工艺计算的内容主要有哪些?

答：设备总工作面积；离子交换器工作面积；离子交换器直径；离子交换器实际正常运行流速；离子交换器出力；进水中需要除去离子的总含量；每台离子交换器一个运行周期所需的总工作交换容量；离子交换器树脂装填体积；离子交换器树脂层装填高度、压脂层高度；进行体内反洗的离子交换器反洗空间高度；每台离子交换器运行周期和周期制水量；小反洗和反洗强度；反洗用水量；逆流再生固定床大反洗周期；逆流再生固定床气顶压，或水顶压，或无顶压控制参数；每台离子交换器再生剂用量、再生液浓度、再生液流速、再生液温度、再生时间、再生剂比耗、再生用水量；每台离子交换器置换流速、置换时间、置换用水量；小正洗的流速、时间、用水量；正洗用水量；离子交换器总耗水量、自耗水率等。

141. 离子交换设备一般需进行的调试项目及要求有哪些?

答：（1）反洗调试。以不同的反洗强度进行试验，记录在不同反洗强度条件下的反洗水流量、树脂膨胀率、反洗时间、反洗水用量等数据，确定各个单元设备合适的反洗强度。

（2）再生调试。以不同的再生剂用量和再生液浓度、流速、温度及再生时间进行试验，记录在不同再生条件下设备的周期制水量，并计算再生剂耗量、水耗和树脂的工作交换容量，确定各个单元设备合适的再生条件。

（3）置换调试。以不同的置换流速进行试验，记录在不同置换条件下排水中再生废液的浓度、置换时间和置换用水量，确定各个单元设备合适的置换条件。

（4）清洗调试。以不同的清洗流速进行试验，记录在不同清洗条件下的清洗时间和清洗用水量，确定各个单元设备合适的清洗条件。

（5）运行试验。以不同的运行工况进行试验，记录在不同运行工况条件下的出水水质、设备出力、运行周期，并计算树脂的工作交换容量，确定各个单元设备合适的运行条件。

142. 通过滤层的压力降（即水头损失）的大小取决于哪些因素？

答：（1）温度。温度升高，水的黏度减小，水头损失减小。

（2）滤速。过滤速度越快，水头损失越大。

（3）滤料粒径。滤料粒径越小，水头损失越大。

（4）滤层污染。随着滤层污染程度的加深，水头损失增大，以致滤层失去过滤作用。在滤池运行过程中，要监控水头变动情况，及时冲洗滤层，恢复过滤功能。

143. 炉水处理中磷酸盐处理的作用是什么？

答：（1）防止在水冷壁管生成钙镁水垢及减缓其结垢的速率。

（2）增加炉水的缓冲性，防止水冷壁管发生酸性或碱性腐蚀。

（3）降低蒸汽对二氧化硅的溶解携带，改善汽轮机沉积物的化学性质。

144. 天然水中对锅炉有危害的杂质主要有哪些？

答：天然水中的杂质种类很多，其中对锅炉有危害的杂质主要有三大类：

（1）悬浮物。悬浮物的颗粒比较大，通常在水中是不稳定的。悬浮物静止时，可通过重力或浮力的作用将其分离出来。它们对锅炉的影响主要是影响蒸汽质量、结生泥垢、堵塞管道、污染离子交换树脂等。

（2）胶体物质。胶体微粒常带相同电荷，而且由于布朗运动，胶体物质呈稳定的悬浮状，一般不能靠静止的方法将其从水中分离出来。胶体物质对锅炉的影响主要是在蒸发面上形成泡沫，影响蒸汽质量，在一定的条件下生成水垢、污染树脂等。

（3）溶解物质。溶解物质大都以离子或溶解的气体存在于水中。其中对锅炉影响最大的主要有钙镁离子、溶解氧和二氧化碳等，它们是引起锅炉结垢和腐蚀的最主要原因。

145. 水质不良对锅炉主要有哪些危害?

答：水质不良对锅炉危害的表现主要有结垢、腐蚀、蒸汽质量恶化等。

（1）结垢。水垢的导热性比金属差几百倍，因此结垢给锅炉运行会带来很大的危害。例如，易引起金属局部过热而变形，进而产生鼓包、爆管等事故，影响锅炉安全运行；堵塞管道，破坏水循环；影响传热，降低锅炉出力，浪费燃料；产生垢下腐蚀，缩短锅炉使用寿命等。

（2）腐蚀。锅炉金属发生腐蚀后，将使金属构件变薄、凹陷，甚至穿孔，缩短锅炉寿命。更为严重的是，某些腐蚀会使金属内部结构遭到破坏，强度显著降低，从而引发恶性事故。

（3）蒸汽质量恶化。炉水的杂质浓度过高，会影响蒸汽质量，严重时甚至会发生汽水共腾，不但使蒸汽质量恶化，而且会影响锅炉安全运行。当炉水中含有油脂、有机物，或碱度过高、水渣较多时，就更容易恶化蒸汽质量。

146. 锅炉水处理的工作任务主要有哪些?

答：做好锅炉补给水处理，除去对锅炉有害的杂质；做好锅内加药处理，科学、合理排污；及时进行化验监督，保证锅炉水汽质量符合国家标准，从而达到防止锅炉结垢、腐蚀，保持蒸汽质量良好的目的。此外，还应做好停炉保养等工作。

147 炉水监测中为什么常采用测定氯离子含量来间接控制溶解固形物含量?

答：一方面，溶解固形物测定需配备一定的设备，且测定时间较长，给使用单位日常监测带来一定困难。另一方面，由于炉水中的氯离子较为稳定，在高温下既不会挥发，也不会呈固体析出，在一定的水质条件下，水中的溶解固形物含量与 Cl^- 的含量之比值接近于常数，且 Cl^- 的测定非常方便。因此在工业锅炉日常的炉水监测中，常采用测定氯离子含量来间接控制溶解固形物含量，并指导锅炉的排污。

148. 为什么没有酚酞碱度的给水进入锅炉经蒸发浓缩后，炉水会产生酚酞碱度?

答：酚酞碱度即水中 OH^- 和 CO_3^{2-} 含量。通常给水中的碱度为 HCO_3^-，因此给水大多没有酚酞碱度。但给水中的 HCO_3^- 进入锅炉后，在高温下受热分解成 CO_3^{2-}，CO_3^{2-} 又进一步水解出 OH^-，因此在炉水中会产生酚酞碱度。

149. 为什么工业锅炉的炉水碱度应保持在一定范围内?

答：碱度物质能与硬度物质反应，生成疏松而有流动性的水渣，并通过排污除去，即炉水保持一定的碱度可消除硬度，因此为了防止锅炉受热面结垢，规定了炉水碱度的下限值。然而炉水碱度过高，不但易影响蒸汽质量，而且有可能引起碱性腐蚀，因此必须对炉水碱度的上限值加以控制。

150. 控制给水含铁量的目的是什么？造成给水含铁量偏高的原因及防止措施主要有哪些？

答： 控制给水含铁量的目的是为了防止锅炉受热面结生氧化铁垢，防止发生金属氧化物的沉积物下腐蚀。

造成给水含铁量偏高的原因及防止措施主要有：

（1）金属给水箱和给水管道锈蚀，应采取除锈防腐措施。

（2）回水含铁量偏高，可加膜胺等适用于蒸汽系统的防腐蚀药剂。

（3）给水溶解氧过高、pH 值偏低，应采取除氧、加碱性药剂调节 pH 值。

（4）原水含铁量高，可采用锰砂过滤等措施。

151. 水汽质量劣化时三级处理的原则是什么？

答： 当水汽质量劣化时，应迅速检查取样的代表性、化验结果的正确性，并综合分析系统中水汽质量的变化，确认判断无误后，按下列三级处理原则执行：

（1）一级处理。有因杂质造成腐蚀、结垢、积盐的可能性，应在 72h 内恢复至相应的标准值。

（2）二级处理。肯定有因杂质造成腐蚀、结垢、积盐的可能性，应在 24h 内恢复至相应的标准值。

（3）三级处理。正在发生快速腐蚀、结垢、积盐，如果 4h 内水质不好转，应停炉。

在异常处理的每一级中，如果在规定的时间内不能恢复正常，则应采用更高一级的处理方法。

152. 对于凝汽器为铜管的无铜给水系统，给水 pH 值超过 9.5 会产生什么后果？为什么？

答： 对于凝汽器为铜管的无铜给水系统，给水 pH 值超过 9.5，会导致凝汽器铜管外表面的氨腐蚀。因为给水 pH 值超过 9.5 时，蒸汽中的氨浓度往往较高，在凝汽器中冷却时，会使铜管表面的凝结水 pH 值过高，造成铜管腐蚀。

153. 对于超高压和亚临界锅炉，炉水 pH 值不在标准值 9.0 ~ 9.7（25℃）范围内会产生什么后果？为什么？

答：炉水 pH 值低于 9.0，会造成水冷壁的酸性腐蚀；炉水 pH 值高于 9.7，会造成水冷壁的碱性腐蚀。

实验证明若 25℃时测定的炉水 pH 值小于 9.0，在高温下 pH 值将降至 6.0 以下，有发生酸性腐蚀的风险；若 25℃时测定的炉水 pH 值高于 9.7，在水冷壁向火侧会发生 100 倍以上的高度浓缩，有发生碱性腐蚀的风险。

154. 简述火力发电厂水汽循环系统工作过程。

答：经化学处理的除盐水进入锅炉，吸收燃料放出的热，转变为具有一定压力和温度的饱和蒸汽，再经过热器加热成蒸汽，送入汽轮机中膨胀做功，使汽轮机带动发电机转动发电。做功后的蒸汽排入汽轮机凝汽器（对高参数锅炉，高压缸汽轮机排出的蒸汽返回锅炉再热器，加热后再送到汽轮机中、低压缸做功后再排入凝汽器），被冷却成凝结水，再由凝结水泵送至低压加热器，加热后送至除氧器除氧。除氧后的水，由给水泵送至高压加热器，然后经省煤器进入锅炉。

155. 亚硫酸钠除氧的原理及适用范围是什么？

答：亚硫酸钠是一种还原剂，能与水中的溶解氧反应生成硫酸钠，从而除去溶解氧，其化学反应方程式为

$$2Na_2SO_3+O_2 \rightarrow 2Na_2SO_4$$

亚硫酸钠适用于中、低压锅炉的除氧处理。当锅炉压力超过

6.86MPa 时，亚硫酸钠会发生高温分解和水解，并产生 H_2S、SO_2、NaOH 等物质，导致锅炉腐蚀。另外，加亚硫酸钠处理时，会使炉水的总溶解固形物增加，不但导致排污量增加，有时还会影响蒸汽质量，因此中压以上的锅炉不宜采用亚硫酸钠除氧。

156. 影响亚硫酸钠除氧的因素主要有哪些？

答：（1）水的温度。温度高，反应速度就快，除氧率也高。

（2）水的 pH 值。其对亚硫酸钠的还原性影响较大。亚硫酸钠在碱性溶液中是较强的还原剂，除氧效果较好，但它的还原性将随着 pH 值的降低而降低，在强酸性溶液中，亚硫酸钠甚至会呈氧化性。

（3）离子杂质类型。水中如含有 Mn^{2+}、Cu^{2+} 等离子，会对反应有催化作用，但若水中含 SO_4^{2-} 及有机物时，会显著降低反应速度。

（4）溶解氧浓度。溶解氧浓度较高时，由于除氧难以彻底，将残留较多的氧。

（5）亚硫酸钠的过剩量。为使除氧反应进行较为彻底，通常在炉水中要维持 20 ~ 40mg/L 亚硫酸根（SO_3^{2-}）过剩量。

157. 化学除氧的含义和特点是什么？

答：在水中加入还原性药剂与溶解氧起化学反应，从而除去溶解氧的方法称为化学除氧。因为化学除氧是向给水中加入化学药剂，所以会增加给水的含盐量，一般较少单独用于给水除氧，而只作为给水热力除氧后进行的辅助除氧措施，以除去水中少量残余的溶解氧。

锅炉常用的化学除氧药剂有亚硫酸钠、联胺及二甲基酮肟等还原性有机化合物，其中亚硫酸钠只能用于中、低压锅炉的除氧。

158. 给水的热力除氧原理是什么？

答：根据亨利定律，任何气体在水中的溶解度与此气体在水面上的分压力成正比。当水的温度提高时，水面上的水蒸气分压就会增大，而其他气体的分压则下降，这些气体在水中的溶解度也就随之下降。因此，在一定的压力下，水的温度越高，气体的溶解度就越小。当水的温度达到沸点时，溶解在水中的各种气体就会全部逸出。热力除氧就是根据这个原理来除氧的。

159. 热力除氧器的功能、分类及应用有哪些？

答：热力除氧器的功能是把要除氧的水加热到与除氧器工作压力相应的沸腾温度，使溶解于水中的氧及其他各种气体解析出来。

热力除氧器按结构形式不同，可分为淋水盘式、喷雾填料式、膜式等；按工作压力不同，可分为真空式、大气式、高压式；按水的加热方式不同，可分为混合式、过热式。

电厂锅炉使用的除氧器常以淋水盘式为主；加热方式一般为混合式；从工作压力看，既有大气式，又有高压式，有的电厂把凝汽器兼作除氧器，即为真空式除氧器。

160. 联氨除氧的原理是什么？

答：联胺是还原剂，可以与水中的溶解氧直接反应，而除去溶解氧。其化学反应方程式如下

$$N_2H_4 + O_2 = N_2 + 2H_2O$$

联氨还能将金属高价氧化物还原为低价氧化物，如将 Fe_2O_3 还原为 Fe_3O_4，将 CuO 还原为 Cu_2O 等。联胺的这些性质有助于在钢和铜合金表面生成保护膜，从而减轻腐蚀并防止锅炉受热面结生铁垢与铜垢。

161. 什么是炉内加药处理？

答：向炉水中投加药剂来调节炉水水质，使易形成水垢的物质或腐蚀性物质在锅炉内与药剂发生反应，从而防止锅炉结垢和腐蚀的水处理方式，称为锅内加药处理。

162. 什么是磷酸盐处理、低磷酸盐处理、平衡磷酸盐处理？

答：磷酸盐处理指为防止锅炉受热面结生钙镁水垢和减少水冷壁管腐蚀，向炉水中加入适量磷酸三钠的处理方式。

低磷酸盐处理指为防止锅炉内结生钙镁水垢和减少水冷壁管腐蚀，向炉水中加入少量磷酸三钠的处理方式。

平衡磷酸盐处理指维持炉水中磷酸三钠含量低于发生磷酸盐隐藏现象的临界值，同时允许炉水中含有不超过 1mg/L 游离氢氧化钠，以防止水冷壁管发生酸性磷酸盐腐蚀及防止锅内生成钙镁水垢的处理方式。

163. 什么是间歇加药、连续加药？

答：间歇加药指每隔一段时间，待给水或炉水中药剂被消耗至标准规定的下限值时，再向给水或炉水加一次药剂的方式。

连续加药指用一定浓度的药液，连续地向给水或炉水中加药的方式。这种加药方式可以保证炉水药剂浓度在很小的范围内平稳波动，可防止加药过多或过少造成危害。

164. 什么是锅炉排污、连续排污、定期排污？

答：锅炉排污指在锅炉运行过程中排掉一部分杂质含量大、含有泥渣和水渣的炉水，并补充相同数量杂质含量小的给水的操作过程。

连续排污指连续不断地从锅炉水表面，将浓度较高的锅炉水排出的方式，也称为表面排污。

定期排污指从锅炉水循环系统的最低点，根据水质情况定期排放一部分含水渣较高的炉水，以改善锅炉水质量的方式，也称为底部排污。

165. 什么是最大蒸发倍数?

答：进入炉水中的杂质仅极少一部分被蒸汽带走，绝大部分仍留在炉水中。随着不断蒸发，炉水也在不断浓缩，当炉水中含盐量（或溶解固形物）经浓缩至炉水最大允许值，此时锅炉水的蒸发倍数（K）就是所允许的最大蒸发倍数。

166. 简述协调 pH- 磷酸盐处理的意义和注意事项。

答：协调 pH- 磷酸盐处理就是向汽包内添加 Na_3PO_4 和其他适当药品，使锅炉水既有足够高的 pH 值、维持一定的 PO_4^{3-} 含量，又不含游离 NaOH。协调 pH- 磷酸盐处理不仅能防止钙垢的产生，还能防止锅炉炉管的碱腐蚀。协调 pH- 磷酸盐处理要求炉水的 Na^+/PO_4^{3-} 摩尔比在 2.30 ~ 2.80 范围内，因此在进行锅炉内处理时，应注意：

（1）若锅炉水的 Na^+/PO_4^{3-} 摩尔比大于 2.80，则相应地要往炉内添加 Na_2HPO_4。

（2）若锅炉水的 Na^+/PO_4^{3-} 摩尔比小于 2.30，必要时加入适量的 NaOH，在维持锅炉水 PO_4^{3-} 为正常值的情况下，提高 Na^+/PO_4^{3-} 摩尔比。

167. 炉水中杂质的来源有哪些?

答：进入炉内的给水一般由凝结水、补给水、疏水、生产返回水组成，因此炉水中的杂质主要为这些水中的杂质。

（1）凝结水带入的杂质。当凝汽器存在不严密处时，会发生泄漏。由于冷却水杂质含量较大，即使有少量泄漏，凝结水中的含盐量也会迅速增加。

（2）补给水带入的杂质。锅外水处理设备正常运行的情况下，出水仍会残留一定的杂质。当水处理设备有缺陷或运行操作不当时，水中杂质还会增加。这些杂质会随给水进入锅内。

（3）疏水带入的杂质。有些疏水含有一定的硬度和铁离子。

（4）生产返回水带入的杂质。在用户使用过程中，如果供热用的蒸汽受到污染，有可能使水中含油或含硬度、铁离子等。

（5）给水系统的金属腐蚀产物被带入锅内。

168. Na_3PO_4 在炉内的作用有哪些?

答:（1）Na_3PO_4 能与水中的硬度物质反应，生成水渣。

（2）避免锅炉受热面结生难以清除的硫酸盐和硅酸盐水垢。

（3）增加水渣的流动性，便于水渣通过排污排除，防止水渣转化成二次水垢。

（4）能使已结生的硫酸钙和碳酸钙等水垢疏松而脱落。

（5）在金属表面上形成磷酸铁保护膜，防止锅炉金属的腐蚀。

169. 简述锅炉水质调节处理的主要目的。

答:（1）防止锅炉结垢。

（2）维持给水和锅炉水 pH 值、碱度在合格范围内。

（3）防止碱性腐蚀、苛性脆化和氧腐蚀。

（4）消除炉水中的泡沫，防止汽水共腾，净化蒸汽。

（5）降低排污率，提高锅炉热效率。

（6）防止或减缓冷凝水对热交换器及回水回收系统的金属腐蚀，提高回水回收利用率。

（7）提高锅炉运行的安全性、节能性、经济性，延长锅炉使用寿命。

170. 锅炉水质调节可从哪些方面进行？

答：（1）采用锅外水处理的锅炉，可加适量磷酸盐或有机阻垢剂，防止给水残余硬度在锅炉受热面结垢。

（2）炉水 pH 值和碱度过低，可加合适的碱化剂，保持炉水 pH 值和碱度在合格范围，既能防止金属腐蚀，又能防止结垢。

（3）碱度较高的原水经钠离子交换处理后，如果给水负硬较高，会使得炉水碱度超过规定的上限，可通过加降碱剂，降低炉水碱度，减少因碱度过高而过量排污造成的热能损失。

（4）补给水处理方式为反渗透或离子交换除盐的，应向锅内投加合适的碱性药剂，以维持炉水 pH 值在合格范围内。

（5）蒸汽冷凝水回收利用的锅炉，应加挥发性碱或成膜胺，以防止换热器及回水系统的腐蚀，提高回水回收利用率。

（6）炉水产生大量泡沫，影响蒸汽质量，或可能引发汽水共腾时，应加除沫剂消除泡沫。

171. 简述成膜胺缓释机理。

答：锅炉水处理中采用的成膜胺主要是 $C_nH_{(2n+1)}NH_2$ 的直链化合物，其中以 n=10 ~ 18 碳原子的直链伯胺缓蚀效果最好。胺是以单分子层形式吸附的，可均匀地吸附在整个金属面上，其缓蚀作用是因为在金属表面上形成了一层憎水性有机保护膜，所以金属表面的润湿性最小。这层保护膜在金属与侵蚀性（含 O_2 和 CO_2）的水之间起屏蔽层的作用，从而阻止或减缓了金属的腐蚀。

172. 锅炉锅内加药处理选用的原则是什么？

答：因为锅炉的炉型及各地的水源水质不同，所以应根据以下原则选用锅内水处理药。

（1）因炉制宜。主要是针对热水锅炉、蒸汽锅炉、汽水两用锅炉等不同类型或锅壳式、贯流式、直流盘管式等不同结构的锅炉，应选用或配制不同的水处理药剂。

（2）因水制宜。应根据给水和炉水的水质选择适宜的阻垢剂、降碱剂、碱化剂、缓蚀剂、除氧剂、除沫剂、除油剂等。

（3）应根据补给水、回水、给水、炉水水质检测结果，调整加药品种和加药量。

（4）应根据药剂的化学、物理性质选择合适的锅内水处理药剂，发挥各种药剂协调增效作用，避免药剂效果相互抵消或产生副作用。

（5）药剂的热稳定性和化学稳定性应满足锅炉运行参数下的使用条件，应防止药剂在锅内分解成无效物质而降低其性能，或分解成有害物质影响锅炉安全、经济、稳定运行。

173. 什么是给水的全挥发处理？

答：将给水的 pH 值用加氨的方法提高到 9.0 以上，在除氧的条件下，将给水的溶解氧降低到可以抑制局部腐蚀发生的程度，不加其他任何锅内处理药品，仅靠给水加氨来防止水汽系统腐蚀的处理方式，由于氨具有挥发性，因此称之为全挥发处理。全挥发处理是锅炉给水处理常用的方法之一。

174. 采用磷酸盐处理时，在保证炉水 pH 值的情况下，为什么要进行低磷酸盐处理？

答：因为磷酸盐在高温炉水中溶解度降低，对高压及以上参数的汽包炉采用磷酸盐处理时，在负荷波动工况下容易析出沉淀，发生磷酸盐隐藏现象，破坏炉管表面氧化膜，腐蚀炉管，所以进行低磷酸盐处理，可降低炉水磷酸盐浓度，避免磷酸盐隐藏现象发生，减缓由此带来的腐蚀。

175. 简述 PT、CPT、LPT、EPT 四种炉水处理方法的含义、特点及适用性。

答：（1）PT（phosphate treatment），即磷酸盐处理。该方法适用于汽包压力低于 15.8MPa 的锅炉，容易控制炉水水质，虽然会发生磷酸盐隐藏现象，但不易发生酸性磷酸盐腐蚀。

（2）CPT（congruent phosphate treatment），即协调 pH– 磷酸盐处理。该方法适用于汽包压力低于 15.8MPa，并且机组不做调峰运行的锅炉。采用 CPT 方法时，即使 Na^+ 与 PO_4^{3-} 的摩尔比在 2.6 ~ 3.0，有些锅炉仍会发生磷酸盐隐藏现象，甚至导致酸性磷酸盐腐蚀。

（3）LPT（low phosphate treatment），即低磷酸盐处理。EPT（equilibrium phosphate treatment），即平衡磷酸盐处理。这两种方法适用于 15.8MPa 及以上的高参数锅炉，可使锅炉发生磷酸盐隐藏现象的程度会减轻或消除，且很少发生酸性磷酸盐腐蚀，但补给水必须采用除盐处理，并确保给水长期无硬度，而且水冷壁的结垢量应在 $200g/m^2$ 以下，若结垢量超标，应先进行化学清洗。

176. 高参数汽包锅炉采用氢氧化钠处理的使用条件是什么？

答：高压、超高压和亚临界汽包锅炉在符合下列条件时可以采用氢氧化钠处理。

（1）锅炉热负荷分配均匀，水循环良好。

（2）水冷壁结垢量小于 $200g/m^2$。如果结垢量大于 $200g/m^2$，需经化学清洗后方可采用氢氧化钠处理。

（3）给水氢电导率应小于 0.20μS/cm。

（4）水冷壁无孔状腐蚀。

177. 影响蒸汽质量的因素主要有哪些？

答：（1）炉水水质。炉水中含盐量或碱度过高，易在蒸发面上形成大量泡沫，使蒸汽大量带水。炉水中含有油脂、有机物或悬浮物和水渣较多时，也容易影响蒸汽质量。

（2）锅炉运行工况。锅炉负荷过大、水位过高，或负荷、水位和压力变化太剧烈，都会增加蒸汽带水量，影响蒸汽质量。

（3）汽包内部装置。中、低压锅炉主要受汽水分离器的影响。良好的汽水分离器能有效减少蒸汽带水，改善蒸汽质量。

178. 锅炉蒸汽被污染的危害及防止措施是什么？

答：蒸汽被污染易造成过热器和汽轮机等蒸汽通过的各个部位积盐，有时还会引起沉积物下的腐蚀，影响机组的安全、经济运行。

防止锅炉产生泡沫和汽水共腾，避免蒸汽质量恶化的措施主要有：

（1）选择合适的给水处理方法，尽可能减少给水的杂质含量。

（2）严格控制锅炉的运行，保持炉水的碱度及含盐量在标准范围内。

（3）运行中锅炉的水位不能过高，宜控制在中间水位。

（4）尽量避免锅炉的负荷和压力急剧变化。

179. 过热器积盐的原因是什么？

答：由饱和蒸汽带出的盐类物质，在过热器中会发生两种情况：当蒸汽中某种物质的携带量大于该物质在过热蒸汽中的溶解度时，该物质就会沉积在过热器中，即过热器积盐。如果蒸汽中某种物质的携带量小于该物质在过热蒸汽中的溶解度，那么该物质就会溶解于过热蒸汽，并被带往汽轮机。

过热器内还可能沉积有铁的氧化物，主要为过热器本身的腐蚀产物。铁的氧化物在过热蒸汽中的溶解度很小，因此它们绝大部分沉积在过热器内，只有极少部分可能以固态微粒状被过热蒸汽带往汽轮机中。

180. 汽轮机积盐的原因是什么?

答: 带有杂质的过热蒸汽进入汽轮机后，由于压力和温度降低，蒸汽中钠盐和硅酸的溶解度随着压力的降低而减小，当某种物质的溶解度下降到低于它在蒸汽中的含量时，该物质就会以固态析出，并沉积在蒸汽通流部位，造成汽轮机积盐。

181. 蒸汽中杂质携带的形式和特点是什么?

答: 水滴携带，即从汽包送出的饱和蒸汽中常夹带一些炉水的水滴，使炉水中的各种杂质，如钠盐、硅化合物等也都以水溶液的状态被带进蒸汽中。这种形式也称为机械携带，它是蒸汽被污染的原因之一。

溶解携带，即蒸汽有溶解某些物质的能力，蒸汽压力越高，溶解盐类的能力越大，饱和蒸汽因溶解而携带水中某些杂质。它也会造成蒸汽被污染。

饱和蒸汽携带某种杂质的量，应是其水滴携带的量与溶解携带的量之和。

182. 汽包锅炉中饱和蒸汽被污染的主要原因是什么?

答: 汽包锅炉中饱和蒸汽被污染的主要原因是蒸汽带水和蒸汽溶解杂质。另外，炉水含盐量过高，或锅炉运行参数控制不当（如水位过高、工作压力和负荷变化过大等）都会加重饱和蒸汽的污染。

183. 简述凝结水处理中覆盖过滤器的工作原理。

答: 覆盖过滤器的工作原理是预先将粉状滤料覆盖在特制滤元上，使滤料在其上面形成一层均匀的微孔滤膜，当水由管外进入，经滤膜过滤，通过滤元上的孔进入管内，再汇集后送出，从而起到过滤作用。当采用树脂粉末时，覆盖过滤器兼有脱盐作用。

184. 凝结水污染的主要原因有哪些？

答：（1）凝汽器泄漏。这也是凝结水污染最常见的原因。

（2）热力系统中含金属腐蚀产物造成污染。

（3）凝结水水泵法兰不严，吸入冷却水。

185. 什么是正常水汽损失、非正常水汽损失？

答： 正常水汽损失指为满足生产或安全运行的要求，锅炉及热力系统正常损失的水和蒸汽。这部分损失由补给水来补充，从而达到水汽平衡。

非正常水汽损失指锅炉及热力系统跑、冒、滴、漏，各类水质不合格排放，以及锅炉启动或发生事故时排放所造成的水汽损失。

186. 离子交换器反洗调试和再生调试的区别是什么？

答： 离子交换器反洗调试是以不同的反洗流量进行试验，根据反洗水流量、树脂膨胀率和交换器截面积，计算并确定设备合适的反洗强度。

离子交换器再生调试是以不同的再生剂用量和再生液的浓度、流速、温度及再生时间进行试验，根据不同再生条件下的设备的进水水质、周期制水量，计算再生剂耗量、水耗和树脂的工作交换容量，确定设备合适的再生条件。

187. 为什么要对循环冷却水进行处理？

答： 电厂使用的冷却水，主要作为冷却介质用于汽轮机的凝汽器。然而，天然水中含有许多有机质和无机质的杂质，它们会在凝汽器铜管内产生水垢、污垢和腐蚀。水垢和污垢的传热性能很低，会使凝结水的温度上升、凝汽器的真空度下降，进而影响汽轮发电机的出力和运行的经济性。若凝汽器铜管发生腐蚀，会导致穿孔泄漏，使凝结水品质劣化，污染锅炉水，直接影响机组的安全运行。因此，必须对冷却水进行处理，使其具有一定水质。

188. 与汽包炉相比，直流锅炉对水质有何特别要求？

答：与汽包炉相比，直流锅炉对锅炉给水水质要求相对较高，要求在产生蒸汽过程中不允许炉水浓缩，必须配备凝结水系统。

189. 简述超临界条件下蒸汽的物理特性。

答：（1）在超临界参数下，水汽工质在内壁面附近的流体黏度、比热容、导热系数和比体积等参数发生了显著变化，可能导致水冷壁管内发生类膜态沸腾。

（2）工质的黏度、密度、导热系数等物理参数会随压力和温度发生变化，但受压力的影响较小，受温度的影响较大。在250 ~ 550℃范围内，工质密度和动力黏度随温度变化最大。工质温度在300 ~ 400℃范围时，管内壁面处的工质黏度约为管中心工质黏度的1/3，由此产生黏度梯度，引起流体边界层的层流化；在边界层中的流体密度降低，产生浮力，促使紊流传热层流化；边界层中的流体导热系数也随着降低，又使导热性差的流体与管壁接触，当进口温度较低时，壁面处的流体速度远小于管中心的流体速度，这又促使流动层流化。因此，在管子热负荷较大时就可能导致传热恶化，同时由于盐类等杂质的浓缩，受热面结垢，进一步加剧传热恶化。

（3）当超临界参数锅炉的工作参数进一步提高，过热器出口的压力达到31MPa或更高时，水冷壁中工质压力可达到37MPa或更高。根据超临界压力下工质的物理特性可知，水冷壁中工质比热特性将随压力升高而减弱，对应压力比热值减小，但仍需注意防止类膜态沸腾引起的传热恶化。

190. 简述超临界条件下常见物质在蒸汽中的溶解与沉积特性。

答：在超临界条件下，蒸汽具备与水同样的溶解特性。各种盐、酸、碱和金属腐蚀产物等物质在蒸汽中的溶解度随蒸汽压力不同而不同。压力越高，蒸汽的溶解携带能力越强。杂质在过热蒸汽中的溶解度随压力降低或比体积增加而迅速降低，随着蒸汽做功膨胀，蒸汽的溶解能力下降，在高参数下，蒸汽溶解携带的物质就会随着蒸汽的转移而不断析出，沉积在后续设备的不同部位，加剧机组蒸汽通流部分潜在的金属腐蚀。

191. 简述超临界和超超临界工况下的水化学特点。

答：通常由给水带入炉内的杂质主要是钙、镁、钠离子，硅酸化合物，强酸阴离子和金属腐蚀产物等。根据这些杂质在蒸汽中的溶解度与蒸汽参数的关系可知，各种杂质离子在过热蒸汽中的溶解度是有很大差别的，且随蒸汽压力的增大，各自溶解度变化的情况也不同。

给水中的钙、镁杂质离子在过热蒸汽中的溶解度较低，随着压力的增大，溶解度变化不大；而钠化合物在过热蒸汽中的溶解度较大，随着压力的增大，溶解度稳步增大；硅化合物在亚临界以上工况下的溶解度已接近同压力下水中的溶解度，随着压力的增大，溶解度也渐渐增大；强酸阴离子（如氯离子）在过热蒸汽中的溶解度较低，但随着压力的增加，溶解度变化较大；硫酸根离子在过热蒸汽中的溶解度较低，随着压力的增加，溶解度变化不大；铁氧化物在蒸汽中的溶解度随着压力的升高呈不断增大的趋势；铜氧化物在过热蒸汽中的溶解度随着压力的增大而不断增大，当过热蒸汽压力大于 17MPa 时，铜在过热蒸汽中的溶解度有突跃性的增大。

由于铜会在汽轮机通流部分沉积，使通流面积减少，影响汽轮机的出力，因此对于超临界和超超临界机组凝结水和给水中铜的含量应引起足够的重视，建议最好采用无铜系统，并严格控制凝结水、给水系统运行中的 pH 值，减少腐蚀物的产生。

192. 简述超临界和超超临界机组的结垢、结盐的特点。

答： 在超临界和超超临界工况下，当给水水质不纯时，由给水带入的钙、镁离子和部分铁氧化物将沉积在水冷壁管上而影响锅炉的安全运行。绝大部分的钠化物、硅化合物、强酸阴离子、铜氧化物和部分铁氧化物将溶解于过热蒸汽中而被带入汽轮机。

随着过热蒸汽在汽轮机中做功后蒸汽压力和温度的下降，杂质在蒸汽中的溶解度也会不断下降，原溶解于过热装汽中的铜氧化物和铁氧化物及部分钠化物就会沉积在汽轮机高压缸的通流部分，硅化合物和部分钠化物就会沉积在汽轮机低压缸的通流部分，进而影响汽轮机的效率。强酸阴离子部分可能会随阳离子沉积在汽轮机叶片上，而不沉积在汽轮机叶片上的部分强酸阴离子就有可能溶解在汽轮机低压缸初凝结区的液滴内，对该部位的叶片及金属部件产生应力腐蚀、点蚀或使其产生腐蚀疲劳裂纹。在上述沉积物中，最常见的是 Na_2SO_4 和 NaOH，这类物质溶解在蒸汽中，会对过热器、再热器及汽轮机产生腐蚀作用。

193. 简述给水加氧处理与氧腐蚀的关系。

答： 加氧处理之所以可使炉前系统金属的表面产生钝化，除水质高纯度这一先决条件外，还必须有水流动的条件，即在流动的高纯水中加入氧气才能在金属表面产生保护性氧化膜。

氧腐蚀发生的原理是在不流动的水中，溶解氧在局部产生了浓度差，浓差电池引起金属氧化膜局部破坏，形成点状腐蚀。过去水处理工艺较落后时，运行中的锅炉水冷壁如有大量盐类沉积物，水中的溶解氧会加速沉积物下的腐蚀。现在，在电厂机组热力系统发生的氧腐蚀一般都与停机时系统内不能充分干燥有关。暴露在空气中的金属表面有湿分时，氧腐蚀立即发生。因此，机组停运时，及时隔绝空气或保持热力设备干燥是停备用保养是否有效的关键。

在采用给水加氧的条件下，原则上经化学清洗的锅炉受热面没有盐类沉积物或大量的氧化铁沉积物。采用加氧处理的机组，在启动时首先采用无氧工况运行，待水质条件达到加氧处理的要求后，方可开始加氧。在加氧工况下，系统的氧化还原电位一般在 +50 ~ +300mV 之间，金属处于完全钝化状态，加氧前已存在的点腐蚀不会进一步扩展。

194. 简述给水加氧处理的效果评定。

答：评定给水加氧处理效果的指标主要有氧化还原电位、给水铁含量、水冷壁结垢速率和锅炉压差等，还可用凝结水精处理混床的运行周期和运行成本等经济效益指标进行评定。

（1）给水系统的氧化还原电位。氧化还原电位是表明热力系统处于氧化性介质还是还原性介质的一个重要参数。一般水汽系统的氧化还原电位在全挥发处理方式下约为 –350mV。停止加入联氨后，给水的氧化还原电位可达到 –50 ~ 0mV，加入氧气后给水的氧化还原电位应达到 50 ~ 350mV。

（2）热力系统铁含量。给水处理采用加氧处理工艺后，热力系统运行中的铁含量大大降低，氧化铁腐蚀产物的粒径大大减小。尤其是给水系统的局部流动加速腐蚀得到了控制，保护性双层氧化膜使炉前系统的金属表面完全钝化。给水系统的平均铁含量可从 3 ~ 8μg/L 降低到 0.5 ~ 348μg/L。疏水系统，特别是高压加热器疏水的铁含量大大降低，使疏水系统得到完全保护。

（3）锅炉的结垢速率。锅炉的结垢量由两部分构成，即自身腐蚀产物和带入的铁氧化物的沉积。机组投运后，水冷壁管的金属表面在一定的热负荷条件下会形成氧化膜，其厚度与热负荷强度有关。热力系统的铁氧化物也会随给水源源不断地带入水冷壁受热面，在热负荷高的区域沉积下来，形成氧化铁垢，后者是结垢速率升高的主要因素。锅炉给水采用加氧处理，最大限度地降低了氧化铁产物在受热面的沉积速率，使水冷壁的结垢速率降低。因此，加氧水处理一般可使铁氧化物在受热面的沉积速率降低80%以上。

用管段垢量来评定结垢速率时，要求管段运行时间长，才能得到准确结果，因为结垢和时间并非线性关系，开始阶段结垢较快，然后逐渐慢下来，因此用氧化铁沉积速率可更科学地评定其效果。

（4）锅炉压差。给水采用加氧处理方式后，由于省煤器和水冷壁金属表面形成了致密、光滑、平整的垢层，直流锅炉的锅炉压差不再上升。

（5）凝结水精处理混床的运行周期。在全挥发处理方式下，凝结水精处理氢型混床在出水氢电导率小于0.1μS/cm时的全流量运行周期一般为3～7天，因为全挥发处理方式下的加氨量较高，混床中的阳树脂很快失效。在给水加氧处理条件下，由于氨含量降低，阳树脂的运行周期大大提高，因此凝结水精处理混床的运行周期可延长3～5倍。由于与系统的加氨量有关，因此汽包锅炉给水加氧处理后的凝结水精处理运行周期延长这一效益比直流锅炉小些。

（6）经济效益。应用给水加氧处理获得的直接和间接经济效益非常可观，包括降低了机组的运行成本，如应用给水加氧处理的机组提高了设备的安全性和可靠性；减少了因介质因素引起的非计划停机的概率。经济效益方面可计算的主要指标有：

1）因延长锅炉的酸洗间隔所节约的化学清洗费用。

2）减少的加药费用。

3）增加的凝结水精处理的制水量。

195. 直流锅炉的热化学试验的目的和运行条件是什么？

答：直流锅炉热化学试验的目的是运行条件按照预定的计划，使锅炉在各种不同工况下运行，以取得良好蒸汽品质的最优运行条件。通过热化学试验能查明锅炉水水质、锅炉负荷及负荷变化速度、汽包水位等运行条件及其对蒸汽品质的影响，从而确定下列运行条件。

（1）锅炉水水质标准，如含盐量（含钠量）、含硅量等。

（2）锅炉最大运行负荷和最大负荷变化速度。

直流锅炉的热化学试验无需经常进行，发生下述情况之一时，才有必要进行：

（1）新安装的直流锅炉（投入运行已有一段时间，其运行已正常）。

（2）当锅炉的工作条件有很大变化时，例如给水水质改变、燃料品种改变或者设备需超额定负荷运行。

（3）发生过热器和汽轮机积盐，需要查明蒸汽品质不良的原因。

196. 热化学试验前的准备工作和注意事项有哪些？

答：（1）了解设备的情况。为了便于及时找出蒸汽品质劣化的原因和处理试验中发生的问题，试验前应先详细了解锅炉的结构和有关的热力系统。例如，应了解锅炉的水汽系统、过热蒸汽调温系统、给水系统及锅炉受热面的布置特点等。

此外，在热化学试验前，应对锅炉及热力系统中有关设备进行检查，并消除其缺陷，如检查凝汽器的严密性是否良好、除氧器和蒸发器的运行是否可靠等。

（2）掌握试验前的水汽质量。为了能拟订好试验计划，应先查看水汽监督的记录及有关技术档案，以了解清楚试验前的水汽质量（包括蒸汽品质，锅炉水、凝结水及补给水的水质）和蒸汽通流部分积盐的状况。

（3）增设必要的取样点。根据热化学试验的不同要求，在试验前，有时需要加装一些取样点。各段受热面后均有取样点，可对蒸汽品质有较全面的认识，并且便于互相核对，以确定蒸汽样品的代表性。

（4）检查和调整取样装置。热化学试验以前，对各取样点均应进行仔细检查，内容包括取样器选用是否得当、取样器的安装位置是否合理、取样标记牌悬挂是否正确、取样冷却器有无泄漏和污染等。检查时如发现问题，应及时解决。

在预备试验开始前 1 ~ 2 天，各取样器应先投入工作，让样品连续不断地流出，清洗取样设备。新安装的取样装置（包括取样器及导管、取样冷却器等）应进行长时间、大流量地冲洗，必要时（如新安装的蒸汽取样装置）应进行排汽冲洗，以免残留污物或发生堵塞现象，影响正确取样。各取样器出口样品的流量应调节在设计规定的范围内，冷却水量应调节到使样品的温度稳定在 25 ~ 30℃范围内。

检查和调整各取样装置对保证取到具有代表性的水汽样品，保证热化学试验的结果正确、可靠非常重要。

（5）准备好试验用品。水汽取样和测定所需的各种试剂、仪器和仪表等均应提前准备好。例如在化验工作中需要应用的无钠水和无硅水，应先将其制备装置安装好，并通过试用确认其水质合格方可。

（6）校正和检查所有仪表。为了使试验结果可靠，在热化学试验前，应检查的仪表包括热工仪表和水质分析仪表。检查不合格的仪表要进行校正或更换。

这项工作必须予以重视，若仪表发生故障或有很大偏差会使试验结果不可靠，甚至导致试验不能进行。

（7）制订好试验计划。根据试验的要求，制订热化学试验工作大纲和计划。计划中应详细阐明进行每项试验时锅炉的运行工况，试验持续的时间，试验中水和汽的取样地点、次数，以及测定的项目、方法等。

试验要将锅炉控制在一定的条件下运行，因此试验前应向有关部门提出试验计划，以便早作安排。

（8）绘制必要的系统图。需用的图有热化学试验的取样点分布图（图上最好标明测定项目）、水汽系统图等。

（9）其他准备工作。试验前要安排好试验场地，以便将取得的水汽样品集中进行测定，并及时地分析、讨论和处理试验中发生的问题。试验场地的水源、照明等都应有保证，此外在人员方面还应有明确的分工。

当上述各项工作已经准备就绪，而且锅炉负荷可以按计划进行调度时，才能开始进行试验。

197. 简述热化学试验的方法。

答：在进行正式试验以前，为了检查准备工作，并训练参加试验的工作人员，应先进行预备试验。预备试验就是在锅炉正常的运行工况和通常给水水质条件下，按正式试验的步骤和要求，在规定的取样点和取样间隔时间进行取样测试，并记录锅炉运行工况等。预备试验要进行 1 ~ 2 昼夜。通过预备试验，若发现锅炉、监督仪表和取样、测试设备等有缺陷，应将其消除，才可进行正式试验。

直流锅炉热化学试验的项目包括改变给水水质、改变锅炉负荷、改变蒸汽参数（压力和温度）等。每次试验的目的并不相同，因此可根据实际情况对某些项目有所侧重。

正式试验方法如下：

（1）进行每项试验前，应使锅炉的其他运行工况符合该项试验的要求，并稳定地运行 8h 以上。以改变给水水质的试验为例，先使锅炉在额定负荷、额定参数的工况下运行 8h 以上，然后采用改变锅炉的供水系统或者在锅炉给水中添加不同盐类的办法，改变给水水质，使之得到各种不同水质的给水。在每一种给水水质条件下，进行1～2昼夜的试验。

（2）进行每次试验时，都应在省煤器前的给水管中、过热器出口的主蒸汽管中及水汽系统各段受热面后取样，根据得出的数据，便可研究给水中各种杂质在锅炉中沉积的数量、部位和被蒸汽带出的情况。水汽测定的项目有硬度、Na、Fe、Cu、SiO_2、pH值及给水中的溶解氧，取样的间隔时间通常为10～15min。此外，试验时还要记录锅炉的运行工况，例如给水量、减温水喷水量、送出的蒸汽量、锅炉水汽系统各部分受热面前后和锅炉出口的蒸汽压力、温度等。每次记录的间隔时间与取样间隔时间相同。

试验结束后，应立即将得到的数据汇总，并整理成表格或曲线图。通过仔细分析研究，最后应提出试验报告。试验报告除阐明试验结论外，必要时还应提出改进水质、汽质的措施。

198. 燃气轮机的工作原理是什么？

答：空气经压气机压缩时，可以把外界施加的压缩轴功，全部转化为空气的焓值增，使其能量水平提高。进而在燃烧室中燃烧，使燃料中的化学能释放出来，也转化为工质的焓增，进一步提高了高温高压燃气的能量水平。当这种燃气在透平中膨胀时，焓值就会下降，并转化为膨胀轴功。由于在透平中高温燃气的焓降要比在压气机中低温空气的焓增大，即燃气轮机的膨胀轴功大于空气的压缩轴功，这样才能确保燃气轮机对外界有净机械功量的输出。

199. 燃气轮机将燃料的化学能转化为机械功时在不同部件中完成的过程是什么？

答：燃气轮机将燃料的化学能转化为机械功共有四个过程，其中在空气压缩机中完成压缩过程，在燃烧室中完成燃烧加热，在透平中完成膨胀过程，在大气中自然完成放热过程。

200. 火电厂为什么使用水作为冷却和热传导的介质?

答:（1）水的传热性能好，热容量较大，传递相同的能量所使用的工质质量最少。

（2）液体水几乎不可压缩，有利于能量的传递。与其他液体相比，水的分子量较小，产生同样压力的蒸汽容积大，给水泵输送一份容积的水所产生的蒸汽，流过汽轮机容积可达四千份以上。

（3）水的来源广泛，而且化学性质稳定，对设备、环境无危害。

201. 生产过程中脱硫系统排出的废水如何处理?

答: 电厂对石灰石—石膏法的脱硫废水主要以化学处理为主，其主要过程如下:

（1）先将废水在缓冲池中经空气氧化，使低价金属离子氧化成高价。

（2）氧化后的废水进入中和池，在中和池中加入碱性物质石灰乳，使部分金属离子在中和池中形成氢氧化物沉淀得以去除。

（3）还有一些金属的氢氧化物为两性化合物，随着pH值的升高，其溶解度反而增大。因此，中和后的废水通常采用硫化物进行沉淀处理，以更有效地去除废水中的金属离子。

（4）废水与在反应池中形成的金属硫化物进入絮凝池，加入一定的混凝剂使细小的沉淀物絮凝沉淀。

（5）混凝后的废水进入沉淀池进行固液分离。分离出来的污泥一部分送到污泥处理系统，进行污泥脱水处理，另一部分则回流到中和池，提供絮凝的结晶核。沉淀池出水的pH值较高，需进行处理达标后才能排放。

第三章 水质检测技术

1. 简述硬质硼硅玻璃瓶和高压聚乙烯瓶的优缺点。

答：（1）无色具塞硼硅玻璃瓶常用作水样瓶，其优点是无色透明，便于观测水样及其变化，还可加热灭菌，洗涤也比较方便；缺点是不适于运输，而且玻璃成分中含有的氧化硅、钾、钠、硼及铝等易被溶出，某些玻璃瓶成分中还含有锑、砷等也易被溶出。

（2）高压聚乙烯瓶也可作为水样瓶，其优点是耐冲击、轻便、方便运输，对许多试剂都很稳定；缺点是聚乙烯瓶有吸附磷酸根离子及有机物的倾向，易受有机溶剂的侵蚀，有时还会引起藻类繁殖，也不如玻璃瓶易于洗涤及校验体积。

2. 水样存放的注意事项有哪些？

答：（1）水样采集后其成分受水样的性质、温度、保存条件的影响会有很大改变。此外，不同的分析项目的水样可存放时间有很大差异。通常水样可存放时间见表 3–1。

表 3–1 水样可存放时间

水样种类	可存放时间（h）
未受污染的水	72
受污染的水	12 ～ 24

（2）存放与运送水样时，应检查采样瓶是否封闭严密。采样瓶应放在不受日光直接照射的阴凉处。

（3）分析经过存放或运送的水样，应在分析报告中注明存放的时间和温度条件。

3. 水样变化的原因有哪些？

答：各种水质的水样，从采集到分析这段时间内，由于物理的、化学的、生物的作用会发生不同程度的变化，这些变化使得进行分析时的样品已不再是采样时的样品。水样变化的原因主要有：

（1）物理作用。光照，温度，静置或振动，敞露或密封，以及容器材质都会影响水样的性质。如温度升高或强振动会使一些物质如氧、氰化物及汞等挥发；长期静置会使 $Al(OH)_3$，$CaCO_3$、$Mg_3(PO_4)_2$ 等产生沉淀；某些容器的内壁能不可逆地吸附或吸收一些有机物或金属化合物等。

（2）化学作用。水样及水样各组分可能发生化学反应，从而改变某些组分的含量与性质。如空气中的氧能使二价铁、硫化物等氧化，聚合物解聚，单体化合物聚合等。

（3）生物作用。细菌、藻类及其他生物体的新陈代谢会消耗水样中的某些组分，产生一些新组分，改变一些组分的性质，如会对水样中溶解氧、二氧化碳、含氮化合物、磷及硅等的含量及浓度产生影响。

4. 水样的容器应如何选择？

答：采集和保存样品的容器应充分考虑以下几方面因素，尤其是被分析组分以微量形式存在时。

（1）最大限度地防止容器及瓶塞对样品的污染。一般的玻璃在保存水样时可溶出钠、钙、镁、硅、硼等元素，因此在测定这些项目时应避免使用玻璃容器，以防止新的污染。一些有色瓶塞含有大量的重金属，也应避免使用。

（2）容器壁应易于清洗、处理，以减少重金属或放射性微量元素等对容器表面的污染。

（3）容器或容器塞的化学性质和生物性质应该是惰性的，以防止容器与样品组分发生反应。如测氟时，水样不能保存在玻璃瓶中，因为玻璃与氟化物发生反应。

（4）防止容器吸收或吸附待测组分，引起待测组分浓度的变化。微量金属易受这些因素的影响，其他如清洁剂、杀虫剂、磷酸盐也会受此影响。

（5）选用深色玻璃降低光敏作用。

5. 水样的容器应如何准备？

答：（1）应确保不发生正、负干扰。

（2）尽可能使用专用容器。如不能使用专用容器，那么最好准备一套容器进行特定污染物的测定，以减少交叉污染。同时，应注意防止曾采集高浓度分析物的容器洗涤不彻底，污染随后采集的低浓度污染物的样品。

（3）新容器一般应先用洗涤剂清洗，再用纯水彻底清洗。但应注意用于清洁的清洁剂和溶剂可能引起干扰，例如当分析富营养物质时，含磷酸盐的清洁剂的残渣易引起污染；测定硅、硼和表面活性剂，则不能使用洗涤剂。所用的洗涤剂类型和选用的容器材质要随待测组分来确定，如测磷酸盐时不能使用含磷洗涤剂；测硫酸盐或铬时不能用铬酸－硫酸洗液。

（4）测重金属的玻璃容器及聚乙烯容器通常用盐酸或硝酸（c=1 mol/L）洗净并浸泡 1 ～ 2 天后用蒸馏水或去离子水冲洗。

6. 水样添加保存剂的注意事项有哪些？

答：在水样中加入一些化学试剂，可固定水样中的某些待测组分。保存剂可事先加入采集水样的空瓶中，亦可在采样后立即加入水样中。所加入的保存剂不能干扰待测成分的测定，如有疑义应先做必要的实验。加入保存剂的样品在分析计算结果时要充分考虑稀释影响，如果加入足够浓的保存剂，因加入体积很小，可以忽略其稀释影响。固体保存剂会引起局部过热，影响样品性质，应避免使用。所加入的保存剂有可能改变水样组分的化学或物理性质，因此选用保存剂时一定要考虑其对测定项目的影响。如待测项目是溶解态物质，酸化会引起胶体组分和固体的溶解，因此必须在过滤后酸化保存。

必须要做保存剂空白试验，特别是进行微量元素检测时，要充分考虑加入保存剂所引起待测元素含量的变化，例如，酸类会增加砷、铅、汞的含量。

7. 水样有哪几种添加保存剂方式?

答：（1）控制溶液 pH 值。测定金属离子的水样常用硝酸酸化至 pH 值为 1 ～ 2，既可以防止重金属的水解沉淀，又可以防止金属在器壁表面上的吸附，同时 pH 值为 1 ～ 2 的酸性介质还能抑制生物的活动。用此方法保存水样，大多数金属可稳定数周或数月。测定氰化物的水样需加氢氧化钠调至 pH 值为 12。测定六价铬的水样应加氢氧化钠调至 pH 值为 8，因为在酸性介质中，六价铬的氧化电位高，易被还原。保存总铬的水样，则应加硝酸或硫酸至 pH 值为 1 ～ 2。

（2）加入抑制剂。为了抑制生物作用，可在样品中加入抑制剂。如在测氨氮、硝酸盐氮和化学需氧量（COD）的水样中，加氯化汞或加入三氯甲烷、甲苯作防护剂以抑制生物对亚硝酸盐、硝酸盐、铵盐的氧化还原作用。在测酚水样中用磷酸调溶液的 pH 值，加入硫酸铜以控制苯酚分解菌的活动。

（3）加入氧化剂。水样中痕量汞易被还原，引起汞的挥发性损失，加入硝酸–重铬酸钾溶液可使汞维持在高氧化态，稳定性大为改善。

（4）加入还原剂。在测定硫化物的水样中加入抗坏血酸对保存有利。含余氯水样，能氧化氰离子，可使酚类、烃类、苯系物氯化生成相应的衍生物，为此在采样时加入适当的硫代硫酸钠予以还原，除去余氯干扰。样品保存剂如酸、碱或其他试剂在采样前应进行空白试验，其纯度和等级必须达到分析的要求。

8. 简述水汽样品的采集方法。

答：（1）采集接有取样冷却器的水样时，应调节取样阀门开度，使水样流量在 500 ~ 700mL/min，并保持流速稳定，同时调节冷却水量，使水样温度为 30 ~ 40℃。蒸汽样品的采集，应根据设计流速取样。

（2）采集给水、炉水和蒸汽样品时应保持样品长流。采集其他水样时，应把管道中的积水放尽并冲洗后方能取样。

（3）盛水样的容器（采样瓶）必须是硬质玻璃瓶或聚乙烯瓶（测定硅或微量成分分析的样品，必须使用聚乙烯瓶）。采样前，应先将采样瓶清洗干净，采样时再用水样冲洗三次（方法中另有规定者除外）才能收集样品，采样后应迅速盖上瓶盖。

（4）在生水管路上取样时，应在生水泵出口处或生水流动部位取样；采集井水样品时，应在水面下 50cm 处取样；采集城市自来水样时，应先冲洗管道 5 ~ 10min 后再取样；采集江、河、湖和泉中的地表水样时，应将采样瓶浸入水面下 50cm 处取样，并且在不同地点分别采集，以保证水样有充分的代表性。采集江、河、湖和泉的水样时，应注明采样时的气候、雨量等条件。

（5）所采集水样的数量应满足试验和复核的需要。供全分析用的水样不得少于 5L，若水样浑浊时应分装两瓶，每瓶 2.5L 左右。供单项分析用的水样不得少于 0.5L。

（6）采集现场监督控制试验的水样，一般应使用固定的采样瓶。采集供全分析用的水样应粘贴标签，注明水样名称、采样人姓名、采样地点、时间、温度及其他情况，如气候条件等。

（7）分析水样中某些不稳定成分，如溶解氧、游离二氧化碳等时，应在现场取样测定。采集测定铜、铁、铝等的水样时，1L 样品加 10mL 浓 HNO_3。

9. 简述电厂水汽试验项目及使用的采样瓶类型。

答：电厂水汽试验项目及使用的采样瓶类型见表 3–2。

表 3–2 电厂水汽试验项目及采样瓶

试验项目	采样瓶类型
硬度、硅、碱度、总蒸发残留物、氯离子	聚乙烯瓶
铁、铜	硬质玻璃瓶或聚丙烯瓶
pH 值、电导率、联氨、磷酸根离子	聚乙烯瓶或者各试验方法规定的采样瓶
油脂类、溶解氧、亚硫酸根离子	各分析方法规定的采样瓶

10. 采集水汽样品时的注意事项有哪些？

答：（1）用高纯水充分涮洗、浸泡取样瓶，最好用超声波清洗。平时用高纯水浸泡取样瓶，时常换水。

（2）取样管水流应是长流的，若未打开，应打开阀门冲洗管路 30min 后再取样。若取样管位置不便取样，应提前一天在取样管上接乳胶管冲洗，以保证取样不被污染。

（3）取样时用待取水样涮洗取样瓶及瓶盖三次以上，再接满水样，盖上瓶盖。注意不要用手触及瓶口，以免污染。

11. 采集地下水的容器应遵循哪些原则？

答：（1）容器不能引入新的沾污。

（2）容器器壁不应吸收或吸附某些待测组分。

（3）容器不应与待测组分发生反应。

（4）能严密封口，且易于开启。

（5）深色玻璃能降低光敏作用。

（6）容易清洗，并可反复使用。

12. 采集湖泊和水库的水样后，在样品的运输、固定和保存过程中应注意哪些事项？

答：因气体交换、化学反应和生物代谢，水样的水质变化很快，因此送往实验室的样品容器要密封、防振，避免日光照射及过热的影响。当样品不能很快地进行分析时，根据监测项目需要加入固定剂或保存剂。短期保存，可于2℃～5℃冷藏。较长时间保存某些特殊样品，需将其冷冻至–20℃。样品冷冻过程中，部分组分可能浓缩到冰冻样品的中心部分，因此在使用冷冻样品时，要将样品全部融化。水样也可以采用加化学药品的方法保存。保存方法不能干扰样品分析，或影响监测结果。

13. 采集水中挥发性有机物和汞样品时，采样容器应如何洗涤？

答：采集水中挥发性有机物样品的容器的洗涤方法：先用洗涤剂洗，再用自来水冲洗干净，最后用蒸馏水冲洗。

采集水中汞样品的容器的洗涤方法：先用洗涤剂洗，再用自来水冲洗干净，然后用（1+3）HNO_3荡洗，最后依次用自来水和去离子水冲洗。

14. 简述瞬间排水水样和混合排水水样的适用条件及作用。

答：瞬间排水水样适用于生产工艺过程连续、恒定，而且其中成分及浓度不随时间变化而变化的排水样水质分析，也适用于流程控制分析与自动监测分析，还适用于有特别要求的分析。例如有些火电厂灰水平均浓度合格，但高峰排放浓度超标时，可隔一定时间瞬间采样，分别分析，将测得的数据绘制时间—浓度关系曲线，并计算其平均浓度和高峰排放时的浓度。

由于火电厂各机组运行状态不同，其排水水质也不同（如锅炉清洗废水、省煤器冲洗水、油罐排水、乙炔站排水和煤尘水等），应瞬时采样。

为了解排水水质的平均浓度，应采集混合排水水样。混合排水水样的采集应根据排污情况进行，也就是在一个或几个生产或排放周期内，按一定时间间隔分析采样。对于性质稳定的污染物，可将分别采集的水样混合后一次测定；对于不稳定的污染物，也可在分别采样、分别测定后取平均值，作为排水水质的浓度。

15. 简述重量法测定水中悬浮物的步骤。

答：量取充分混合均匀的试样 100mL 抽吸过滤，使水分全部通过滤膜。再以每次 10mL 蒸馏水连续洗涤 3 次，继续吸滤以除去痕量水分。停止吸滤后，仔细取出载有悬浮物的滤膜放在原恒重的称量瓶里，移入烘箱中，于 103 ~ 105℃下烘干 1h 后移入干燥器中，使之冷却到室温，称其重量。反复烘干、冷却、称量，直至两次称重的重量差不大于 0.4mg 为止。

16. 水中溶解性总固体与电导率的关系是什么？

答：水中溶解性总固体与电导率都能反映水中离子的总量。电导率是以水的导电能力来表示含盐量的高低，水中溶解的盐类杂质越多，导电能力越强。溶解性总固体指水中除溶解气体之外的所有溶解物质的总和。在水质分析中，溶解固体物等于分离出悬浮物之后，水中所含的所有固体物质的量。电导率可以近似表示水中溶解性总固体含量，存在一定的相关性。

17. 简述碱度与pH值的关系。

答：pH值是表征溶液酸碱性的指标，直接反映了水中H^+或OH^-的含量；碱度除包括水中OH^-的含量外，还包括CO_3^{2-}和HCO_3^-等碱性物质的含量，因而pH值与碱度之间既有联系，又有区别。两者的联系是：一般情况下，pH值随着碱度的提高而增大，但这还取决于OH^-碱度占总碱度的比例。两者的区别是：pH值大小只取决于OH^-与H^+的相对含量，而碱度大小则反映了构成碱度的各离子的总含量。因此，对工业锅炉用水来说，有时pH值合格的水，碱度并不一定合格，反之碱度合格的水，pH值也不一定合格，两者不能互相替代。在相同碱度的情况下，因为碱度成分不同，溶液中OH^-含量也不相同，所以pH值也不相同。

18. 酸的浓度和酸度在概念上有何不同？

答：酸的浓度和酸度在概念上是不相同的。酸的浓度又称为酸的分析浓度，指溶液中已离解和未离解酸的总浓度，单位为mol/L，以符号C表示，其大小可由滴定来确定；而酸度指溶液中H^+的浓度，严格地说是H^+的活度，其大小与酸的性质和浓度有关，当溶液的酸度较小时，常用pH值表示。

19. 天然水中硬度与碱度有何关系？

答：硬度是表示水中Ca^{2+}、Mg^{2+}等金属离子的含量；天然水中的碱度主要指HCO_3^-的含量。水中硬度与碱度的关系有以下三种情况：

（1）硬度大于碱度。在这种非碱性水中，Ca^{2+}、Mg^{2+}首先与HCO_3^-形成碳酸盐硬度（YD_T），然后剩余的硬度离子与SO_4^{2-}、Cl^-等其他阴离子形成非碳酸盐硬度（YD_F）。

（2）硬度等于碱度。在这种水中，所有的Ca^{2+}、Mg^{2+}全部与HCO_3^-形成碳酸盐硬度，这时既没有非碳酸盐硬度，也没有剩余碱度。

（3）硬度小于碱度。在这种碱性水中，硬度将全部形成碳酸盐硬度，剩余的碱度则与 Na^+、K^+ 形成钠碱度（JD_{Na}），也称为负硬度，这时将没有非碳酸盐硬度。

20. 简述水的总碱度的测定原理。

答：测量总碱度采用指示剂法或电位滴定法，用盐酸标准滴定溶液滴定水样。终点 pH 值为 8.3 时，可认为近似等于碳酸盐和二氧化碳的浓度，并表示水样中存在的几乎所有的氢氧化物和二分之一的碳酸盐被中和。终点 pH 值为 4.5 时，可认为近似等于氢氧根离子和碳酸氢根离子的等当点，用来表示水样的总碱度。

21. 简述水的总硬度的测定原理。

答：在 pH 值为 10 的缓冲溶液中，水中的 Ca^{2+}、Mg^{2+} 与铬黑 T 指示剂作用生成酒红色络合物。用 EDTA 标准溶液滴定水溶液中游离 Ca^{2+}、Mg^{2+}，快到终点时，稍过量的 EDTA 将夺取指示剂与金属形成的络合物中的 Ca^{2+}、Mg^{2+}，形成更稳定的络合物，使指示剂游离出来，溶液呈蓝色。根据 EDTA 标准溶液的浓度、消耗体积及水样体积，计算出水中 Ca^{2+}、Mg^{2+} 浓度的总和，即水的总硬度。

22. 用 EDTA 滴定硬度实验时为什么要向水样加缓冲溶液？

答：一般被测水样 pH 值达不到 10，在滴定过程中，如果碱性过高（pH 值大于 11），易析出氢氧化镁沉淀；如果碱性过低（pH 值小于 8），镁与指示剂络合不稳定，终点不明显，因此必须使用缓冲液以保持溶液一定的 pH 值。测定硬度时，加铵盐缓冲液是为了使被测水样的 pH 值调整到 10 ± 0.1 范围。

23. 水中含盐量可以用哪些指标来表示?

答: 水中含盐量通常有三种表示方法:

(1)含盐量。通过全分析测出水溶液中所有阳、阴离子的含量而得到,是含盐量较为精确的表示方法,但测定较为麻烦。

(2)溶解固形物。常以溶解固形物来表示水中的含盐量。溶解固形物指分离悬浮物之后的滤液,经蒸发、干燥至恒重,所得到的蒸发残渣。由于在测定过程中,水中的碳酸盐会因分解而转变成二氧化碳,以及有些盐类的水分或结晶水不能除尽等原因,溶解固形物只能近似地表示水中的含盐量。

(3)电导率。衡量水中含盐量大小,最方便和快捷的方法是测定水的电导率。电导率为电阻率的倒数,可用电导仪很方便地测得。因为水中溶解的盐类大都是强电解质,它们在水中都电离成能够导电的离子,离子浓度越高,电导率越大,所以水的电导率大小可间接反映含盐量的多少。

24. 水质全分析结果的校核原理是什么?

答: 水质全分析的结果应进行必要的校核。分析结果的校核分为数据检查和技术校核两方面。数据检查是为了保证数据不出差错,技术校核是根据分析结果中各成分的相互关系,检查是否符合水质组成的一般规律,从而判断分析结果是否准确,如阳离子和阴离子物质的量总数校核、总含盐量与溶解性固体的校核和 pH 值的校核。

25. 适合容量分析的化学反应应具备哪些条件?

答:(1)反应必须定量进行而且进行完全。

(2)反应速度要快。

(3)有比较简便可靠的方法确定理论终点(或滴定终点)。

(4)共存物质不干扰滴定反应,或采用掩蔽剂等方法能予以消除。

26. 简述容量分析法的误差来源。

答：（1）滴定终点与理论终点不完全符合所致的滴定误差。

（2）滴定条件掌握不当所致的滴定误差。

（3）滴定管误差。

（4）操作者的习惯误差。

27. 分析化学实验室用水的级别和相关指标是什么？

答：分析化学实验室用水分为三个级别：一级水、二级水和三级水，相关指标见表3–3。

表3–3　实验室用水质量标准

指标	一级水	二级水	三级水
电导率（μS/cm，25℃）	0.1	1	5
pH值（25℃）	—	—	5.0 ~ 7.5
可氧化物质（mg/L，以 O_2 计）	—	0.08	0.4
吸光度（254nm，1cm光程）	0.001	0.01	—
蒸发残渣（mg/L，105℃ ± 2℃）	—	1.0	2.0
可溶性硅（mg/L，以 SiO_2 计）	0.01	0.02	—

（1）一级水用于有严格要求的分析实验，包括对颗粒有要求的实验，如高效液相色谱用水。一级水可用二级水经过石英设备蒸馏水或离子交换等方法处理后，再经过0.2nm微孔滤膜过滤来制取。

（2）二级水用于无机痕量分析等实验，如原子吸收光谱用水。二级水可由多次蒸馏或离子交换等方法制得。

（3）三级水用于一般的化学分析实验，可用蒸馏或离子交换的方法制得。

28. 什么是空白溶液？

答：空白溶液通常分为溶剂空白、试剂空白、样品空白。

（1）溶剂空白。当溶液中只有待测定的化合物有颜色时，显色剂和样品溶液中的其他成分本身与显色剂作用生成的化合物及所用的试剂均无色时（或者稍有颜色，但在测定波长下对光的吸收很小，所引起的测定误差在允许误差范围之内），此时可用溶剂作空白溶液，简称溶剂空白。

（2）试剂空白。如果只有显色剂有颜色时，它在测定波长下对光有吸收，而其他均没有吸收或吸收很小时，可按照与显色反应相同的条件（只是不加样品溶液），同样加入各种试剂和溶剂作为空白溶液，简称试剂空白。

（3）样品空白。在某项测试过程中，使用某个样品的浓度作为仪器的零基准，称为样品空白。样品空白可以抵消加入测试试剂前由于样品自身存在的色度或浊度而引起的正误差。在使用样品空白对测试仪器进行调零后，只有样品与测试试剂发生反应而产生的色度被测定。

29. 悬浮物、胶体和溶解性总固体有哪些区别？

答：悬浮物的颗粒较大，直径一般在100nm以上。悬浮物在水中是不稳定的，在重力或浮力的作用下易于分离出来。

胶体指颗粒直径在1～100nm之间的微粒。胶体在水中是比较稳定的，有布朗运动，不能靠静置的方法从水中分离出来。

溶解性总固体是水中除溶解气体之外的所有溶解物质的总量。在水质分析中，溶解固体物质等于分离出悬浮物之后，水中所含的所有固体物质的量。

30. 简述将沉淀进行干燥、炭化和灰化，并在马弗炉中灼烧的操作要点。

答：用煤气灯或电炉小心加热坩埚，使滤纸和沉淀烘干，有利于滤纸的炭化。要防止温度升得太快。在炭化时不能让滤纸着火，否则会将一些微粒扬出。万一着火，应立即将坩埚盖盖好，同时移去火源使其灭火，不可用嘴吹灭。

滤纸烘干、部分炭化后，将灯放在坩埚下，先用小火使滤纸大部分炭化，再逐渐加大火焰把炭完全烧成灰。炭粒完全消失后，将坩埚移入适当温度的马弗炉中。在与灼烧空坩埚时相同温度下，第一次灼烧 40 ~ 45min，第二次灼烧 20min，冷却。

31. 什么是恒重?

答：在分析化学中，样品连续两次干燥与灼烧后质量之差小于 0.3mg 称为恒重。

在重量分析法中，经烘干或灼烧的坩埚或沉淀，前后两次称重之差小于 0.2mg，则认为达到了恒重。

DL/T 938—2005《火电厂排水水质分析方法》对恒重的定义是：连续两次烘干或灼烧后的质量，其差值不超过 ±0.0004g。

32. 什么是离子选择性电极?

答：离子选择性电极是一类利用膜电势测定溶液中离子的活度或浓度的电化学传感器，当它和含待测离子的溶液接触时，在它的敏感膜和溶液的相界面上会产生与该离子活度直接有关的膜电势。离子选择性电极也称膜电极，有一层特殊的电极膜，电极膜对特定的离子具有选择性响应，电极膜的电位与待测离子含量之间的关系符合能斯特公式。这类电极由于具有选择性好、平衡时间短的特点，是电位分析法用得最多的指示电极。

33. 什么是电位滴定法？具有哪些优点?

答：电位滴定法指在标准溶液滴定待测离子过程中，用指示电极的电位变化确定滴定终点的方法，是一种把电位测定与滴定分析相结合的测试方法。

与直接电位法相比，电位滴定法不需要准确测量电极电位值，因此温度、液体接界电位的影响并不重要，且准确度优于直接电位法。普通滴定法依靠指示剂颜色变化来指示滴定终点，如果待测溶液有颜色或浑浊时，终点的指示就比较困难，或者根本找不到合适的指示剂。电位滴定法依靠电极电位的突跃来指示滴定终点，在滴定到达终点前后，滴液中的待测离子浓度往往连续变化 n 个数量级，引起电位的突跃，被测成分的含量仍然通过消耗滴定剂的量来计算。电位滴定法比用指示剂的容量分析法具有诸多优点，首先可用于有色或混浊的溶液的滴定，而指示剂是无法使用的；不依赖指示剂，在没有或缺乏指示剂的情况下，仍可使用；还可用于浓度较稀的试液或滴定反应进行不够完全的情况；灵敏度和准确度高，并可实现自动化和连续测定。按照滴定反应的类型，电位滴定可用于中和滴定（酸碱滴定）沉淀滴定、络合滴定、氧化还原滴定。

34. 简述电极电位产生的原因。

答：金属在溶液中，由于金属表面带有负电荷，而在金属附近的水层中有金属离子带正电荷，这样就形成了双电层，因此金属与溶液界面之间就产生了电位差，称为金属电极的电位。不同的金属有不同的电极电位。

35. 电位分析法中什么是响应时间？哪些因素会影响响应时间？

答：响应时间指从离子选择性电极与参比电极接触试液或试液中离子的活度改变开始，到电极电位值达到稳定所需的时间，或到平衡电位值所需的时间。

响应时间的波动范围较大，性能良好的电极的响应较快。随着离子活度下降，响应时间会延长。溶液组成、膜的结构、温度和搅拌强度等都会影响响应时间。

36. 简述电位分析法的分类及特点。

答：电位分析法包括直接电位法和电位滴定法。

（1）直接电位法是根据电极电位与被测离子活度之间的函数关系，直接测得离子浓度的分析方法。例如用酸度计测定溶液的 pH 值，用离子选择性电极测定各种离子浓度。

（2）电位滴定法是利用滴定过程中电位发生突变来确定终点的滴定分析方法，比指示剂确定终点更精确和客观，并能在有色或浑浊溶液中进行。

电位分析法是通过测量由电极系统和待测溶液构成的测量电池（原电池）的电动势，获得待测溶液离子浓度的方法。这种分析方法的特点如下：

（1）对离子浓度的变化反应快。

（2）被测样品溶液一般不需要处理或仅需要简单预处理。

（3）测量时样品需要量小，不受样品颜色、浊度等的影响。

（4）应用范围广、灵敏度高，适用于微量分析。

37. 简述 pH 值的测定原理。

答：pH 值由测量电池的电动势得出。该电池通常由饱和甘汞电极作为参比电极，玻璃电极作为指示电极。在 25℃溶液中 pH 值每变化 1，电位差改变 59.16mV，据此在仪器上直接以 pH 值的读数表示。标准溶液温度差异可以采用仪器上有温度补偿装置进行补偿。

38. pH 计及电极应如何校正定位？

答：pH 计应定期采用与被测溶液 pH 值相近的标准缓冲溶液对仪器进行定位。一般采用两点定位法，先用 pH 值为 7 或 6.86 的缓冲溶液定位，再用与被测溶液 pH 值相近的标准缓冲溶液定位，例如测定炉水 pH 值时，一般第二点用 pH 值为 9.18 或 10 的缓冲溶液定位。一般仪器会在定位后显示其斜率，斜率接近1，说明电极性能较好；若斜率小于90%，表明需对电极进行活化处理或更换新电极。

39. 参比电极和指示电极的作用是什么？

答：指示电极的电动势随溶液中被测离子的活度或浓度的变化而改变，参比电极的电动势恒定不变，把这两个电极共同浸入被测溶液中构成原电池，通过测定原电池的电极电动势，计算出被测溶液的离子活度或浓度。

40. 离子选择电极的基本特性有哪些？

答：（1）能斯特响应。离子选择电极的膜电位（E_M）与溶液中离子活度的关系符合能斯特方程。

（2）离子活度系数。离子选择电极响应的是离子的活度，活度 a_i= 活度系数 r_i× 浓度 c_i。

（3）选择性系数。离子选择电极是否有使用价值，很重要的一条就是其选择性是否好。理想的电极只对特定的一种离子产生电位响应，其他共存离子不干扰，或通过一定的方法可消除干扰。

（4）稳定性。电极表面沾污或物理性质变化，都会影响电极的稳定性，对电极进行良好清洗、浸泡处理及固体电极表面抛光等都能改善这种情况。

（5）响应速度。电极响应速度对连续监测十分重要，若响应速度过慢，说明电极需进行活化或更换。

（6）温度和pH值范围。每类选择性电极均有一定的使用温度范围。温度的变化不仅影响测定的电位值，而且超过某一温度范围时电极往往会失去正常的响应性能。

（7）电极的寿命。电极的使用寿命随电极类型和使用条件的不同而有很大的差异，如固体电极使用寿命较长，液膜电极使用寿命较短，酶电极更短。

41. 溶液 pH 值对氟离子选择性电极的主要影响有哪些?

答:（1）pH 值影响被测离子在溶液中的存在状态。当溶液的 pH 值降低时，平衡向右移，自由氟离子活度降低，因此测量电池的电动势在正值方向增加。

（2）溶液 pH 值对电极敏感膜的影响。在高 pH 值的溶液中，单晶膜与溶液中的 OH^- 作用，在膜表面上形成 $La(OH)_3$。这是由于 $La(OH)_3$ 和 LaF_3 单晶的溶解度大致相当，在高 pH 值溶液中，电极表面发生反应，产生 $La(OH)_3$，被 OH^- 置换出的自由 F^- 被电极所响应，pH 值增加测得电动势在负值方向增加。因此，应用离子选择性电极电位法，测定时 pH 值要控制在 5 ～ 6 之间。

42. 电位式分析仪器的主要组成部分有哪些?

答: 电位式分析仪器主要由测量电池和高阻毫伏计（或离子计）两部分组成。测量电池是由指示电极、参比电极和被测液组成的原电池。参比电极的电极电位不随被测溶液浓度的变化而变化，指示电极随被测溶液中的待测离子浓度的变化而变化，其电极电位是待测离子活度的函数，因此原电池的电动势与待测离子的活度有对应关系。原电池的作用是把难以直测量的化学量（离子活度）转换为容易测量的电学量（测量电池的电动势）。高阻毫伏计是检测测量电池电动势的电子仪器，如果其兼有直接读出待测离子活度的功能就称为离子计。

43. 电导分析法在水质分析中的应用有哪些?

答:（1）检验水质的纯度。一般用电导率检验蒸馏水、去离子水或超纯水的纯度。

（2）判断水质状况。通过电导率的测定，可初步判断天然水和工业废水的污染状况。

（3）估算水中溶解氧。利用某些化合物与水中溶解氧发生反应产生能导电的离子成分，从而测定溶解氧的含量。

（4）估算水中可过滤残渣（溶解性固体）的含量。

（5）利用电导滴定测定稀溶液中的离子浓度。

44. 如何选用电导电极？

答：电导电极应根据水的电导率范围选择。以前电导电极通常使用铂光亮电极和铂黑电极，其中铂光亮电极用于测定电导率较低的水样，铂黑电极用于测定中、高电导率的水样。近年来，测定一般水样也可采用测定范围较广的石墨电极；测定电导率很低的纯水水样，需采用带流动池的全金属电极。

45. 简述电导率与溶液温度的关系。

答：电导率受温度影响较大，主要是因为溶液中离子的迁移速度、溶液本身的黏度与温度有密切关系。温度升高，离子迁移速度增快，溶液的导电能力增强，电导率增大。对于酸性溶液，温度每升高1℃，电导率增大约1.5%；对于碱性溶液，温度每升高1℃，电导率增大1.7%～1.8%；对于中性盐溶液，温度每升高1℃，电导率增大2%～2.5%；对于高纯水，温度每升高1℃，电导率增大5%～6%。

46. 测定电导率时应注意哪些事项？

答：（1）根据溶液的电导率选用不同型号的电导电极。

（2）根据溶液电导率确定仪器测定量程。

（3）如果测定仪器没有电极常数校正装置，那么溶液的电导率应是“测得的电导率 × 该测量电极的电极常数”。

（4）如果测定仪器上没有电导率的温度补偿装置，那么对溶液的电导率还需进行温度换算。

（5）在进行测量前，应仔细检查电极的表面状况，应清洁、无污物。

（6）测量时应注意水样与测量电极不要受到污染，测量前应用除盐水反复冲洗电极，再用被测量水样冲洗后方可测量。同时还应避免将测量电极浸入浑浊和含油的水样中，以免污染电极而影响其电导池常数。

（7）在测量电导率小于1.0μS/cm的高纯水时，应在现场采用隔绝空气并连续流动方法测量。水样的流速应尽量保持稳定，并且使电极杯中有足够的水样流量，以防止空气进入而影响测定的准确性。采用连续流动测定法所使用的连接胶管应经过充分清洗干净后才能使用。

47. 电导率与含盐量有何关系?

答：溶液的电导率可以表明溶液的导电能力，同一种溶液的电导率随着含盐量（电解质浓度）的增大而增大。但电导率不能直接反映溶液中各种离子的浓度，因为溶液中各种离子在相同浓度时导电能力并不相同，所以溶液的电导率只能间接反映溶液中总的含盐量。

48. 使用酸度计时有哪些注意事项?

答：（1）新的玻璃电极在使用前应用蒸馏水冲洗干净，然后按照电极说明书要求进行活化。

（2）参比电极（一般为甘汞电极）一般填充饱和氯化钾溶液。使用时，氯化钾填充液的液面应高于待测液面2cm左右。

（3）甘汞电极内甘汞到陶瓷芯之间不能有气泡。

（4）仪表在使用过程中，应定期用pH缓冲溶液进行校验以保证仪表的测量准确度。

49. 锅炉水汽监测中常用直接电位法分析的项目有哪些？

答：在锅炉水汽监测中测定pH值和Na^+含量常采用直接电位法。

50. 什么是电导分析法及电导率？其测定原理是什么？

答：以测定电解质溶液的电导为基础的分析方法称为电导分析法。其测定原理是：溶解于水中的酸、碱、盐电解质，在溶液中电离成正、负离子，具有导电能力，因此可通过测定溶液的导电性来测得溶液中电解质的浓度。

电解质溶液的电导率，通常是用两个金属片（即一对电极）插入溶液中，测量两极间电阻率大小来确定。电导率是电阻率的倒数，其定义是电极截面积为$1cm^2$，极间距离为1cm时，该溶液的电导。溶液的电导率与电解质的性质、浓度、溶液温度等有关。一般情况下，溶液的电导率是指25℃时的电导率。

51. 简述离子选择电极法测定水中氟化物的原理和加入总离子强度调节剂的作用。

答：当氟电极与含氟的试液接触时，电池的电动势E随溶液中氟离子活度变化而改变（遵守能斯特方程）。当溶液的总离子强度为定值且足够时，E-$\log_{10}C_{F^-}$呈线性关系。

加入总离子强度调节剂可保持溶液中总离子强度，并络合干扰离子，保持溶液适当的pH值。

52. 氟电极使用前后存放的注意事项有哪些？

答：氟电极使用前应充分冲洗，并去掉水分；使用后应用水冲洗干净，并用滤纸吸去水分，放在空气中，或者放在稀的氟化物标准溶液中。如果短时间内不再使用，应洗净，吸去水分，套上保护电极敏感部位的保护帽。

53. 分光光度法的测定原理是什么?

答：分光光度计根据朗伯—比耳定律的原理设计。光源经单色器获得单色光，单色光射入吸收池中的待测溶液，被测溶液对光的吸收使透过溶液的光强度降低。溶液的浓度越大，光透过的液层厚度越大，射入溶液的光（入射光）越强，光就会被吸收得越多，光强度的减弱也就越显著。当入射光的强度 I 一定时，溶液浓度 c 越大，对光的吸收程度越大，透过光的强度 I 就越小，用朗伯—比耳定律数学式表达为 $\lg(I_0/I)=kcL=E$，其中 E 为吸光度，k 为吸光系数，L 为光透过液层的厚度（即比色皿厚度）。当比色皿选定后（即 L 不变时），仪器所测得的吸光度 E 与溶液浓度 c 呈线性关系，因此测出吸光度即可得到待测液浓度，这就是分光光度法定量测定的原理。

54. 简述分光光度法的定义及其特点。

答：根据物质对不同波长的光的吸收程度不同而对物质进行定性和定量分析的方法，称为分光光度法，又称为吸光光度法。其特点主要有：灵敏度高、准确度高、操作简便快捷、应用广泛。

55. 紫外可见分光光度计由哪几部分组成?

答：如图 3–1 所示，紫外可见分光光度计由以下几部分组成：

（1）光源，能发射足够强的连续光谱，有良好的稳定性及足够的使用寿命。其作用是提供能量，激发被测物质分子，使之产生电子谱带。

（2）单色器，包括棱镜、光栅元件。其作用是从连续光源中分离出所需要的足够窄波段的光束。

（3）吸收池，用于盛放试样，完成样品中待测试样对光的吸收，有玻璃和石英两种。

（4）检测器，含检测器、放大器和读数和记录系统，作用是接收、记录信号。

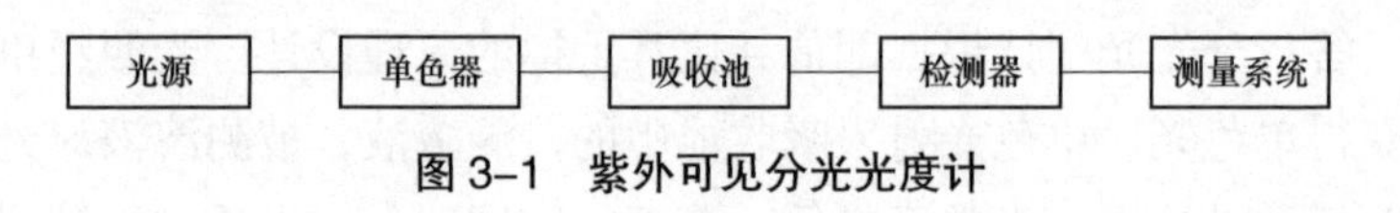

图 3–1 紫外可见分光光度计

56. 进行分光光度法测定时应如何选用参比溶液?

答:（1）溶剂参比。显色剂及其他试剂均无色，被测液中也无其他有色离子，可用溶剂作参比。

（2）试剂参比。显色剂本身有色，可用不加试样的其他试剂作参比。

（3）试液参比。显色剂无色，被测溶液中有其他有色离子时，可采用不加显色剂的被测溶液作参比。

（4）其他参比。显色剂无色，试液中的有色成分干扰测定时，可在一份试液中加入适当的掩蔽剂，将被测组分掩蔽起来，然后加入显色剂和其他试剂，以此作为参比。

（5）水为参比。试剂空白为参比，可测定试剂空白的吸光度。

57. 用分光光度法测定物质含量时，当显色反应确定后应从哪几方面优化试验条件?

答:（1）显色剂用量。能与被测组分反应使之生成有色化合物的试剂。

（2）溶液酸度。综合考虑酸度对被测组分存在状态的影响，对显色剂的平衡浓度和颜色的影响，对有色化合物组成的影响。

（3）显色反应温度。要求标准溶液和被测溶液在测定过程中温度一致。

（4）显色时间。通过实验确定合适的显色时间，并在一定的时间范围内进行比色测定。

（5）比色皿。选择比色皿的光程长度应视所测溶液的吸光度而定，以使其吸光度在 0.1 ~ 0.7 之间为宜。比色液吸收波长在 370nm 以上时可选用玻璃或石英比色皿，在 370nm 以下时必须使用石英比色皿。

58. 分光光度计维护保养有哪些注意事项？

答：（1）应有稳定的工作电源。为保证光源灯和检测系统的稳定性，在电源电压波动较大的实验室，应配备稳压电源。

（2）为了延长光源使用寿命，在不使用时应关闭光源灯。如果光源灯亮度明显减弱或不稳定，应及时更新换灯。

（3）单色器是仪器的核心，为防止色散元件受潮生霉，必须定期更换单色器干燥剂。

（4）光电转换元件不能长时间曝光，应避免强光照射和受潮积尘。

（5）使用过程中，应防止比色皿中溶液溢出，使用结束后擦拭样品室，防止溶液对部件或光路系统产生腐蚀。

（6）仪器长时间不用，要注意保持环境的温度和湿度在适当范围，并定期通电进行维护。

59. 纳氏试剂分光光度法测水中氨氮时有哪些注意事项？

答：（1）试剂空白的吸光度应不超过 0.030（10mm 比色皿），若超过此值，应检查所用器皿和试剂。

（2）水中氯含量超过 1000mg/L，会对氨氮测定值产生正干扰，用絮凝沉淀法无法解决其干扰问题，而采用蒸馏前处理法可以达到满意的效果。

60. 纳氏试剂分光光度法测定水中氨氮存在哪些干扰？如何消除其干扰？

答：水中含有悬浮物、余氯、Ca^{2+}、Mg^{2+}等，当用纳氏试剂分光光度法测定水中氨氮时，金属离子、硫化物和有机物时会产生干扰，因此含有此类物质时要做适当处理，以消除对测定的影响。若样品中存在余氯，可加入适量的硫代硫酸钠溶液去除，用淀粉－碘化钾试剂试纸检验余氯是否除尽。在显色时加入适量的酒石酸钾钠溶液，可消除Ca^{2+}、Mg^{2+}等金属离子的干扰。若水样浑浊或有颜色时可用预蒸馏法或絮凝沉淀法处理。

61. 如何做好纳氏试剂分光光度法测定水中氨氮质量保证和质量控制？

答：（1）试剂空白的吸光度应不超过0.030（10mm比色皿）。

（2）为保证纳氏试剂有良好的显色能力，配制时务必控制氯化汞的加入量，至微量氯化汞红色沉淀不再溶解时为止。配制100mL纳氏试剂所需氯化汞与碘化钾的用量之比为2.3∶5。在配制时为了加快反应速度、节省配制时间，可在低温加热下进行，防止碘化汞红色沉淀的提前出现。

（3）分析纯酒石酸钾钠的铵盐含量较高时，仅加热煮沸或加纳氏试剂沉淀不能完全除去氨。此时采用加入少量氢氧化钠溶液，煮沸蒸发掉溶液体积的20%～30%，冷却后用无氨水稀释至原体积。

（4）整流器烧瓶中加入350mL水，加数粒玻璃珠，装好仪器，蒸馏到至少收集了100mL水，将流出液及瓶内残留液弃去。

62. 碱性过硫酸钾消解紫外分光光度法测水中总氮的检测原理是什么？

答：在60℃以上水溶液中，过硫酸钾可分解产生硫酸氢钾和原子态氧，硫酸氢钾在溶液中离解而产生氢离子，故在氢氧化钠的碱性介质中可促使分解过程趋于完全。分解出的原子态氧在120 ~ 124℃条件下，可使水样中含氮化合物中的氮元素转化为硝酸盐，同时在此过程中有机物被氧化分解。可用紫外可见分光光度法在波长220nm和275nm处，分别测出吸光度A220及A275，按A=A220 – 2 × A275求出校正吸光度*A*。

再按*A*值查校准曲线并计算总氮（以NO_3–N计）含量。

63. 碱性过硫酸钾消解紫外分光光度法测水中总氮空白试验的要求是什么？

答：空白试验除以10mL纯水代替试样外，应采用与测定完全相同的试剂、用量和分析步骤进行操作。当测定在接近检测限时，必须控制空白试验的吸光度不超过0.03，若超过此值，要检查所用水、试剂、器皿、家用压力锅或医用手提灭菌锅的压力。

64. 碱性过硫酸钾法测水中总氮时有哪些注意事项？

答：（1）空白试验不能满足检测标准要求时，应检查试验用的水、试剂纯度、器皿和高压灭菌器污染状况。

（2）器皿可用（1+9）盐酸或（1+35）硫酸浸泡，或者超声清洗，最后用无氨水冲洗干净，清洗后立即使用。灭菌器应每周清洗一次。

（3）过硫酸钾配制过程中，若温度过高会导致过硫酸钾分解失效，因此应注意水温不宜超过60℃。氢氧化钠溶液应冷却后与过硫酸钾溶液混合、定容。

65. 碱性过硫酸钾消解紫外分光光度法测定水中总氮时为什么要在两个波长测定吸光度？

答：因为过硫酸钾将水样中的氨氮、亚硝酸盐氮及大部分有机氮化合物氧化为硝酸盐。硝酸根离子在220nm波长处有吸收，而溶解的有机物在此波长也有吸收，会干扰测定。在275nm波长处，有机物有吸收，而硝酸根离子在275nm处没有吸收。因此，在220nm和275nm两处测定吸光度，用来校正硝酸盐氮值。

66. 过硫酸钾消解法测水中总磷时有哪些注意事项？

答：（1）抗坏血酸应保存于棕色试剂瓶中，冷藏可延长其使用时间。如不变色可长期使用。

（2）消解后如溶液出现浑浊，应先用滤纸过滤后洗涤再定容显示。

（3）用硫酸保存的水样，在用过硫酸钾消解时，需先将试样调至中性。

（4）显色时室温低于13℃，可在20～30℃水浴上显色15min。

67. 氢氟酸转化分光光度法测水中硅的检测原理是什么？

答：水样中的非活性硅经氢氟酸转化为氟硅酸，用三氯化铝或硼酸解络成活性硅，过量的氢氟酸用三氯化铝或硼酸掩蔽后，在27℃±5℃下，与钼酸铵作用生成硅钼黄，用还原剂将硅钼黄还原成硅钼蓝进行全硅含量测定。

68. 分光光度法测定样品时比色皿的选用应考虑哪些主要因素？

答：（1）测定波长。比色液吸收波长在370nm以上时可选用玻璃或石英比色皿，在370nm以下时必须使用石英比色皿。

（2）光程。比色皿有不同光程长度，通常多用10.0mm的比色皿。选择比色皿的光程长度应视所测溶液的吸光度而定，以使其吸光度在0.1～0.7之间为宜。

69. 简述非活性硅的测定原理。

答：为了要获得水样中非活性硅的含量，应进行全硅和活性硅的测定。在沸腾的水浴锅上加热已酸化的水样，并用氢氟酸把非活性硅转化为氟硅酸，然后加入三氯化铝或者硼酸，除了掩蔽过剩的氢氟酸外，还将所有的氟硅酸解离，使硅成为活性硅。用钼蓝（黄）法进行测定，就可得全硅的含量。采用先加三氯化铝或硼酸后加氢氟酸，再用钼蓝（黄）法测得的含硅量，则为活性硅含量。全硅与活性硅的差值为非活性硅含量。

70. 采用硅钼蓝光度法测定水中活性硅时的操作注意事项有哪些?

答：此方法一般用于除盐水、凝结水、给水、蒸汽等水样含硅量的测定，一般测定的硅含量为 50μg/L，超过此含量可以稀释，稀释的比例不能超过 10 倍。当室温低于 20℃时，应采用水浴加热至 25℃左右。1–2–4 酸是还原剂，在室温高时容易变质，存放期不宜超过 2 周。

71. 简述检测水中硅含量的方法及适用范围。

答：目前检测水中硅含量有两种方法，分别为重量法和氢氟酸转化分光光度法。

硅酸根分析仪法适用于水中硅含量在 0 ～ 50μg/L 的测定。

重量法适用于水中硅含量大于 5mg/L 的测定。

氢氟酸转化分光光度法适用于水中常量硅含量在 1 ～ 5mg/L，微量硅含量小于 100μg/L 的测定。

72. 氢氟酸转化分光光度法测水汽中硅时有哪些注意事项?

答：（1）实验室所用器皿可用（1+1）盐酸或（1+1）氢氟酸浸泡或超声清洗，最后用纯水冲洗干净。

（2）氢氟酸、盐酸试剂中含硅量较大，应采用优级纯或更高级别试剂。

（3）测试过程中应保证试液温度恒定在27℃ ±5℃。为避免温度太低，应采用水浴加热。

（4）氢氟酸对玻璃器皿的腐蚀性极大，在加入掩蔽剂前，严禁试样接触玻璃器皿。

（5）加入掩蔽剂后应充分摇匀并按规定等待5min，否则掩蔽不完全会导致含硅量大大偏低。

（6）当钼酸盐有白色盐析出时应重新配置。

73. 分析微量二氧化硅时的注意事项有哪些？

答：（1）温度控制在27℃ ±5℃，过高或过低都影响测定结果的准确性。

（2）制作标准曲线时，要做单倍空白和双倍空白，检验试验用水及试剂的质量，并在样品检测结果中减去试剂中的含硅量。

（3）实验过程中的器皿应采用塑料材质，加药使用的玻璃移液管不要长时间浸泡在试剂中。

（4）移取HF时，应采用塑料移液管。

74. 简述亚甲基蓝分光光度法测定硫化物的原理。

答：样品经酸化，硫化物转化成硫化氢，用氮气将硫化氢吹出，转移到盛乙酸锌－乙酸钠溶液的吸收显色管中，与N，N－二甲基对苯二胺和硫酸铁铵反应生成蓝色的络合物亚甲基蓝，在665nm波长处测定。

75. 简述硫化物的样品前处理中沉淀分离法和酸化－吹气－吸收法。

答：沉淀分离法：取一定体积现场采样并固定的水样于分液漏斗中，静置，待沉淀与溶液分层后将沉淀部分放入100mL具塞比色管，加水至约 60mL，应确保硫化物沉淀完全。该方法适合无色、透明、不含悬浮物的清洁水样。

酸化－吹气－吸收法：连接酸化－吹气－吸收装置，通氮气检查装置的气密性后，取一定体积现场采样并固定的水样，加 5mL 抗氧化剂溶液。取出加酸通氮管，将水样移入反应瓶，加水至总体积约 200mL。重装加酸通氮，以 300mL/min 的速度吹气 30min，吹气速度和吹气时间的改变均会影响测定结果。该方法适用于含悬浮物、浑浊度较高、有色或不透明的水样。

76. 硫化物的样品采集和保存的注意事项有哪些？

答：硫化物离子很容易被氧化，硫化氢易从水样中逸出，因此在采样时应防止曝气，并加适量的氢氧化钠溶液和乙酸锌－乙酸钠溶液，使水样呈碱性并形成硫化锌沉淀。采样时应先加乙酸锌－乙酸钠溶液，再加水样。通常氢氧化钠溶液的加入量为每升中性水样加 1mL，乙酸锌－乙酸钠溶液的加入量为每升水样加 2mL，硫化物含量较高时应酌情多加直至沉淀完全。水样应充满瓶，瓶塞下不留空气。采集并固定的样品储存在棕色瓶内，保存时间为一周。

77. 水质硫化物检测的注意事项有哪些？

答：（1）制作标准曲线时，为了防止硫离子的氧化和硫化氢的逸出，应在硫化物标准溶液中预先加入乙酸锌－乙酸钠溶液。

（2）显色时，由于加入的两种试剂均含硫酸，故操作时应沿管壁徐徐加入，每次加好，应立即加塞、摇匀，避免硫化氢逸出而损失。

（3）显色剂加好后，放置 10min，如果冬季外界温度较低，应放在有空调的房间里保持室温 20 ~ 25℃进行显色反应。

（4）吹气前均需检查装置气密性。吹气速度影响测定结果，流速不宜过快或过慢。

（5）浸入吸收液部分的导管壁，经常会黏附一定量的硫化锌，难以用热水洗下，下次使用之前，应用硫酸洗涤，以保证下次检测不受污染。

（6）当水样中含硫代硫酸盐和亚硫酸钠时，可产生干扰，这时应采用乙酸锌沉淀过滤，再酸化－吹气预处理。

78. 简述原子吸收光谱法的基本原理。

答：每一个元素的原子可以发射一系列特征谱线，也可以吸收与发射线波长相同的特征谱线。原子吸收分析是利用基态原子跃迁到高能级时对特征电磁辐射吸收程度而进行的分析。

被测元素的化合物在高温中被解离成基态的原子蒸气，当光源发射的某一特征波长的光通过处于基态的待测原子蒸气时，原子中的外层电子选择性地吸收其同种元素所发射的特征谱线，使入射光强度减弱。在此过程中，原子蒸气对入射光吸收的程度和分光光度法一样，符合朗伯－比耳定律，即

$$E=\lg(I_0/I_t)=KCL$$

式中：E 为吸光度；I_0 为入射辐射强度；I_t 为透过原子蒸气吸收层的透射辐射强度；K 为摩尔吸光系数，L/（cm·mol）；L 为原子蒸气吸收层的厚度，即火焰的宽度，cm；C 为被测组分的浓度，mol/L。

79. 简述原子吸收光谱仪结构组成及各部分的主要功能。

答：原子吸收光谱仪由光源、原子化器、分光系统、检测系统和数据工作站组成，如图 3-2 所示。

（1）光源提供待测元素的特征辐射光谱。最常用是空心阴极灯，优点是稳定性好，使用寿命长，价格便宜。

（2）原子化器将样品中的待测元素转化为自由原子。

（3）分光系统由入射狭缝、出射狭缝和色散元件（棱镜或光

栅）组成，其作用是将待测元素的共振线分出。

（4）检测系统将光信号转换成电信号进而读出吸光度。

（5）数据工作站通过应用软件对光谱仪各系统进行控制，并处理数据结果。

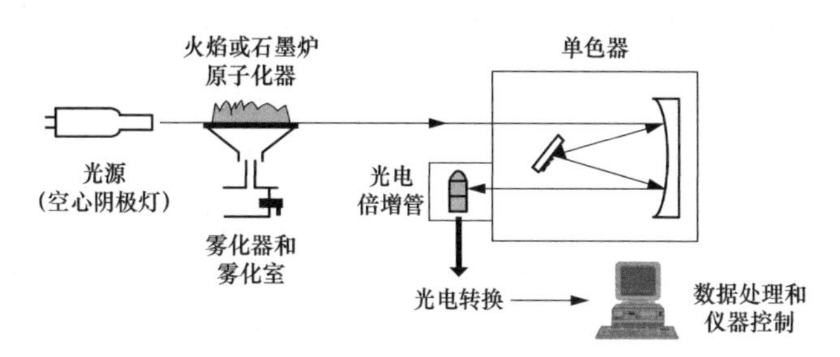

图 3-2　原子吸收光谱仪组成

80. 火焰原子化器与石墨炉原子化器的区别是什么？

答：火焰原子化器由喷雾器、预混合室、燃烧器三部分组成。其特点是操作简便、重现性好。

石墨炉原子化器由加热电源、石墨管和炉体组成，是一类将试样放置在石墨管壁、石墨平台、碳棒盛样小孔或石墨坩埚内用电加热至高温实现原子化的系统。其中管式石墨炉是最常用的原子化器。原子化程序有干燥、灰化、原子化、高温净化。石墨炉原子化器的特点是原子化效率高，在可调的高温下试样利用率达 100%；灵敏度高，其检测限达 1×10^{-4} ~ 1×10^{-6}；试样用量少，适合难熔元素的测定。

81. 使用原子吸收法时如何选择分析线？

答：每种元素都有若干条吸收线，通常选用待测元素的共振线作为分析线，可使测定具有较高的灵敏度。在光谱干扰、待测元素浓度过高或最灵敏线位于远紫外或红外区时，也可选用次灵敏线或其他谱线进行测定。如 As、Se 等共振吸收线位于 200nm 以下的远紫外区，火焰组分对其有明显吸收，故用火焰原子吸收法测定这些元素时，不宜选用共振吸收线为分析线。

82. 使用原子吸收法时如何选择狭缝？

答：仪器狭缝宽度影响光谱通带宽度与检测器接受的能量。在原子吸收光谱分析中，光谱重叠干扰的概率小，因此在无邻近干扰线（如测碱及碱土金属）的情况下，可选用较宽的狭缝以获得高的灵敏度，反之（如测过渡及稀土金属元素），则宜选用较窄的狭缝以减少谱线干扰。实验时可调节不同的狭缝宽度，测定吸光度随狭缝宽度而变化，当有其他的谱线或非吸收光进入光谱通带内，吸光度将立即减小。不引起吸光度减小的最大狭缝宽度，即为应选取的合适的狭缝宽度。

83. 使用原子吸收法时如何选择灯电流？

答：空心阴极灯一般需要预热 10 ~ 30min 才能达到稳定输出。灯电流过小时，放电不稳定，光谱输出不稳定，且光谱输出强度小；灯电流过大时，发射谱线变宽，导致灵敏度下降，校正曲线弯曲，灯寿命缩短。

选择灯电流的一般原则是，在保证有足够强且稳定的光强输出条件下，尽量选用较低的工作电流。通常以空心阴极灯上标明的最大电流的 1/2 ~ 2/3 作为工作电流。在具体的分析场合，最适宜的工作电流由实验确定。

84. 使用原子吸收法时如何优化火焰原子化条件？

答：用正交试验选择综合燃气、助燃气和燃烧器高度三因素的最佳水平，作为最佳工作条件。

（1）一般选用空气–乙炔火焰类型。

（2）可通过调节燃气与助燃气的比例，获得所需特性的火焰。

（3）调节燃烧器的高度，以使来自空心阴极灯的光束从自由原子浓度最大的火焰区域通过，以获得高的灵敏度。

85. 使用原子吸收法时如何优化石墨炉原子化条件?

答：合理选择干燥、灰化、原子化及除残温度与时间十分重要。

（1）干燥应在稍低于溶剂沸点的温度下进行，以防止试液飞溅。

（2）灰化的目的是除去基体和局外组分，在保证被测元素没有损失的前提下应尽可能使用较高的灰化温度。

（3）原子化应选用达到最大吸收信号的最低温度作为原子化温度。原子化时间的选择，应以保证完全原子化为准。

（4）除残的目的是为了消除残留物产生的记忆效应，其温度应高于原子化温度，低于石墨管所能承受的最高温度。

86. 简述原子吸收光谱分析受到的常见干扰种类及抑制方法。

答：原子吸收光谱分析受到的干扰及抑制方法如下：

（1）化学干扰。被测元素与共存物质发生化学反应，引起原子化程度改变所造成的影响，称为化学干扰。抑制化学干扰的方法主要有用高温火焰、用富燃火焰增强还原气氛、加释放剂、加保护剂和加助溶剂等。

（2）电离干扰。在高温火焰中，除了产生基态原子外，还存在着电离过程，产生的电离不吸收共振线，引起结果偏低，称为电离干扰。抑制电离干扰的主要方法是加入消电离剂。

（3）光谱干扰。某些元素的谱线相距很近，分光系统难以将其分离，可视为相互重叠，当试样中含有这两种元素时，测定其中任一元素，另一个元素也将参与吸收，从而使曲线弯曲，由此产生的影响称为光谱干扰。抑制此干扰最简单的方法是另选分析线，另选的分析线虽然灵敏度差一些，但允许使用较大的光谱带。

（4）背景干扰。分子吸收和光的散射均导致背景吸收，使吸收增加，测定结果偏高，由此产生的影响称为背景干扰。抑制背景干扰可用光学扣除法。光学扣除法是在双道双光束系统中采用连续光源扣除。

87. 原子吸收光谱仪的光源应满足哪些条件?

答:（1）光源能发射出所需的锐线共振辐射，谱线的轮廓要窄。

（2）光源要有足够的辐射强度，辐射强度应稳定、均匀。

（3）灯内充气及电极支持物所发射的谱线应对共振线没有干扰或干扰极小。

88. 空心阴极灯的结构及使用方法是什么?

答: 空心阴极灯的结构由阴极、阳极和屏蔽层组合而成。阴极大多数为纯金属或合金，若为一些贵金属，则将其制成薄片衬在支持电极上。阴极在中间为空桶形状，空心阴极灯因此得名。阳极为焊有钽片或钛丝的钨棒，因为钽片或钛丝具有吸气作用，在高温下可以吸收少量有害气体（如 H_2）。屏蔽层是为防止阴、阳极的击穿，而在阴、阳极间设置屏蔽层。

使用空心阴极灯时，为使灯发光强度稳定，应在工作电流下预热 10 ~ 30min。灯长期不用时，应定期点燃，一般在工作电流下预热 1h。使空心阴极灯内外热平衡，原子蒸气层的分布与厚度均匀后，发光强度才能稳定，才能进行正常测量。

89. 空心阴极灯的作用是什么?

答: 空心阴极灯是一种特殊形式的低压气体放电光源，放电集中于阴极空腔内。当在两极之间施加 200 ~ 500V 电压时，便产生辉光放电。在电场作用下，电子在飞向阳极的途中，与载气原子碰撞并使之电离，放出二次电子，使电子与正离子数目增加，以维持放电。正离子从电场获得动能。如果正离子的动能足以克服金属阴极表面的晶格能，当其撞击在阴极表面时，就可以将原子从晶格中溅射出来，因此空心阴极灯具有将原子溅射出来的作用。

阴极在受热过程中会导致阴极表面元素的热蒸发，溅射与蒸发出来的原子进入空腔内，再与电子、原子、离子等发生第二类碰撞而受到激发，发射出相应元素的特征的共振辐射。与此同时，空心阴极灯所发射的谱线中还包含了内充气、阴极材料和杂质元素等谱线。

90. 什么是锐线光源？原子吸收光谱法为何必须采用锐线光源？

答：锐线光源指发射线的半宽度比火焰中吸收线的半宽度窄得多，基态原子只对 0.001 ~ 0.002nm 特征波长的辐射产生吸收的光源。若用产生连续光谱的灯光源，基态原子只对其中极窄的部分有吸收，致使灵敏度极低而无法测定。若用锐线光源，就能满足原子吸收的要求。

91. 原子吸收光度法中氘灯扣除背景的原理是什么？

答：当氘灯发射的光通过原子化器时，同样可被被测元素的基态原子和火焰的背景吸收。由于基态原子吸收的波长很窄，对氘灯总吸收所占的分量很小（小于 1%），故近似地把氘灯的总吸收看作背景吸收。二者相减（在仪器上，使空心阴极灯和氘灯的光交替通过原子一起来实现），即能扣除背景吸收。

92. 火焰原子吸收光度法测定钡时有哪些注意事项？

答：（1）乙炔 – 空气火焰点燃后，必须使燃烧器温度达到热平衡后方可进行测量，否则将影响测定的灵敏度和精密度。

（2）钡测定灵敏度还强烈地依赖于火焰类型和观察高度，因此必须仔细地控制乙炔和空气的比例，恰当地调节燃烧器高度。

93. 石墨炉原子吸收分析过程中为什么加入基体改进剂?

答：基体改进剂可以与试样基体、分析元素和石墨炉体三者相互作用，并可改善环境气氛，消除和减少基体干扰，避免分析元素灰化损失，促进其原子化效率的提高，扩大基体与分析元素间的性质差异，最终将有利于分析灵敏度和准确度的提高。

94. 如何正确地进行沉淀的过滤和洗涤？

答：正确的操作如下：

（1）根据沉淀特点选择合适的滤纸，折好滤纸，使流过它的水在漏斗上形成水柱。

（2）用倾泻方式把尽可能多的清液先过滤掉，同时洗涤沉淀，重复2～3次。

（3）将沉淀全部转移到滤纸上。

（4）洗涤至无Cl^-为止。

在上述操作中，不能使沉淀透过滤层，洗涤液的使用应“少量多次”。

95. 如何定义原子吸收光谱仪的检出限?

答：检出限是原子吸收分光光度计的综合性技术指标，既反映了仪器的质量和稳定性，也反映了仪器对某元素在一定条件下的检出能力。

检出限是在选定的实验条件下，相应于不少于10次空白溶液读数的标准偏差的3倍溶液浓度，以99.7%置信度确定的最低可检出量的统计值，可使实际上是空白溶液但被误认为是存在某种元素的概率大大降低。

显然，检出限比特征浓度有更明确的意义。因为当试样测量信号小于 3 倍仪器噪声时，将会被噪声所掩盖而检测不出。检出限越低，说明仪器的性能越好，对元素的检出能力越强。

96. 如何消除石墨炉原子吸收光度法中的记忆效应？

答：（1）用较高的原子化温度和用较长的原子化时间。

（2）增加清洗程序。

（3）测定后空烧一次。

（4）改用涂层石墨管。

97. 石墨炉原子吸收法检测水汽中铜、铁的原理及注意事项是什么？

答：检测原理：将酸化后的水样注入石墨管中，蒸发干燥、灰化、原子化，测量原子化阶段铜、铁元素产生的吸收信号的吸光度，再从标准曲线上查得与各吸光度相对应的待测铜、铁元素的含量。

注意事项：（1）铁极易被污染，在使用取样瓶、烧杯、器皿等玻璃容器前均应用 1+1 盐酸或硝酸浸泡。

（2）空白试验不能满足检测标准要求时，应检查试验用的水、试剂纯度和器皿。硝酸或盐酸应使用正规厂家的优质产品。

（3）乙炔属于易燃易爆气体，纯乙炔没有气味，但掺有杂质时会有大蒜气味，一旦闻到该气味，不必慌张，应马上关闭乙炔气瓶，不能点火。乙炔钢瓶总压降至 0.5MPa 时须更换，防止丙酮带出。

（4）进样针调节。进样针将试液注入石墨管中的位置对分析的精密度及准确度影响很大。在实验中，先进行进样针水平位置定位校正，再调整进样针深度，确保进样针位置在石墨管距底部

1/3~1/2 处。

（5）优化仪器条件，在做石墨炉法时应选择最佳的程序升温条件。

（6）应选择合适的灯电流。灯电流不宜过高，否则标准曲线斜率下降，灵敏度不够；灯电流太低，则测定的稳定性不佳。

98. 原子吸收光谱仪日常维护的目的和要点有哪些？

答：原子吸收光谱仪器是一种复杂精密的仪器，做好对仪器的日常维护和必要的部件维护，可以确保仪器各功能部件的正常使用、保证仪器性能、延长仪器的使用寿命。

（1）熄火后关机前用去离子水进样空喷 5min 左右，以清洗原子化装置的雾化器、混合室及废液排放管路系统。

（2）放净空气压缩机的贮气灌和水分过滤器内的冷凝水。

（3）若使用了有机溶剂，则应倒干净废液罐中的废液，并用自来水清洗废液罐。

（4）测过高浓度试样后，应取下燃烧头用水冲洗干净并检查燃烧器缝口，如有积碳可用滤纸仔细擦除并洗净晾干。

（5）用蘸有水或中性洗涤剂（严禁使用有机溶剂）的软布擦拭仪器表面，清除灰尘、水分及溅到的腐蚀性液体等。

（6）清除灯窗和样品盘上的液滴及水渍，并用蘸有甲醇或乙醇水溶液的软的擦镜纸或棉球擦拭样品仓的光路窗口。

（7）关闭通风设施，检查所有电源是否已切断，水源、气源是否关好。

（8）使用石墨炉系统时，要注意检查自动进样针的位置是否准确，原子化温度一般不超过 2650℃，尽可能驱尽试液中的强酸和强氧化剂，延长石墨管的使用寿命。

（9）装卸空心阴极灯时要轻拿轻放，窗口如有污物或指印，可用擦镜纸轻轻擦拭。使用低熔点元素灯如 Sn、Pb 等时应防止振动，工作后轻轻取下，阴极向上放置，待冷却后再移动装盒。长期闲置不用的空心阴极灯应定期在额定电流下点燃至少 1h。

99. 原子化器如何维护保养?

答：（1）雾化器。雾化器包括毛细管和喷雾头。必须保证吸喷溶液的塑料毛细管牢固准确地连接到雾化毛细管上，任何空气的泄漏、管路弯曲都会造成吸光度下降、读数不稳定、重复性变差。塑料毛细管容易被堵塞，此时可将堵塞段剪去或换新的毛细管（大约 15cm 长）。如果雾化毛细管发生堵塞，应熄灭火焰，从雾化器上拆下塑料毛细管，从仪器上拆下雾化器，将雾化器置于 0.5% 的肥皂水中用超声波清洗 5 ~ 10min，并用光洁金属细丝小心疏通雾化毛细管。疏通后按照结构重新组装雾化器，将雾化器装回仪器上，并更换塑料毛细管。

（2）燃烧器。为了减少盐分的沉积，可以在每个样品分析完之后吸喷稀硝酸溶液。如果盐分沉积还在加剧，就需要熄灭火焰，用仪器商提供的竹片条清除盐分。用竹片条插入燃烧器狭缝中上下拉动，去除残存在上面的盐分和积碳。严禁使用尖锐的工具如刀片进行清除。仍无法清除沉积物时，可将燃烧器拆下并倒置于肥皂水中，用柔软的刷子刷洗，也可将燃烧器浸于稀酸（0.5% HNO_3）中，或者使用超声波并加入浓度较低的非离子型洗涤剂进行清洗。清洗后用蒸馏水淋洗干净，风干之后再装回仪器。严禁直接在仪器上清洗燃烧器。

（3）载气和冷却水装置。石墨炉原子化器所使用的载气一般为高纯氩气，有时也可用高纯氮气替代，压力一般设定为 100 ~ 340kPa。冷却水主要用来冷却石墨炉，一般都使用循环冷却水泵。要求水温必须低于 40℃，水质必须洁净不含腐蚀性物质；流量一般为 1.5 ~ 2L/min；最大允许压力 200kPa。

（4）石墨平台。石墨平台是一个两端为石英窗，完全密闭的装置。每次分析之前，应检查两侧的石英窗有无灰尘或指纹，如有污染可用擦镜纸蘸取乙醇水溶液擦拭，严禁使用粗糙的布或含有研磨料的清洁剂清洗。

（5）石墨管。石墨管的使用次数有限，更换新的石墨管后，应当用清洁液（20mL 氨水 +20mL 丙酮 +100mL 去离子水）清洗石墨锥的内表面和石墨炉炉腔，除去碳化物的沉积。新的石墨管安放好后，应进行空烧除残，重复 3 ~ 4 次。更换新的石墨锥时，要保证新的锥体正确装入。

100. 原子吸收法稳定性差的原因及改善方法有哪些?

答:（1）仪器受潮或预热时间不够。可用热风机除潮或按规定时间预热后再操作使用。

（2）燃气或助燃气压力不稳定。若非气源不足或管路泄漏的原因，可在气源管道上加一阀门控制开关，调稳流量。

（3）废液流动不畅。疏通或更换废液管，并检查废液罐内废液排放管口是否在废液面以上。

（4）火焰高度选择不当。火焰高度不合适会造成基态原子数变化异常，致使吸收不稳定。可以调整燃烧器高度至合适位置。

（5）光电倍增管负高压过高。增加光电倍增管负高压虽可提高灵敏度，但会出现噪声大、测量稳定性差的问题。适当降低负高压，可改善测量的稳定性。

101. 原子吸收法校准曲线线性差的原因及改善方法有哪些?

答:（1）光源灯老化或使用过大的灯电流，会引起分析谱线的衰弱扩宽。应及时更换光源灯或调低灯电流。

（2）狭缝过宽，使通过的分析谱线超过一条。可减小狭缝。

（3）测定样品的浓度太大。由于高浓度溶液在原子化器中生成的基态原子不成比例，使校准曲线产生弯曲，因此需缩小测量浓度的范围或用灵敏度较低的分析谱线。

102. 离子色谱法的原理及其主要部件作用是什么？

答：离子色谱法是利用离子交换原理，连续对共存的多种阴离子或阳离子进行分离、定性和定量的方法。各种离子在固定相和流动相之间有不同的分配系数，当流动相将样品带到分离柱时，由于各种离子对离子交换树脂的相对亲和力不同，样品中的各离子被分离。再流经电导池，由电导检测器检测，并绘出各离子的色谱图，以保留时间定性，以峰面积或峰高定量，测出离子含量。

离子色谱仪主要由保护柱、分离柱、抑制器、检测器等部件构成，如图 3–3 所示。保护柱置于分离柱之前，用于保护分离柱免受颗粒物或不可逆保留物等杂质的污染。分离柱根据待测离子保留特性，在检测前使被检测离子分离。抑制器安装在分析柱和检测器之间，用来降低淋洗液中其他离子组分的检测响应，增加被测离子的检测响应，进而提高信噪比。检测器是将待测试样中的浓度转换为电信号或光信号，从而进行定量分析。

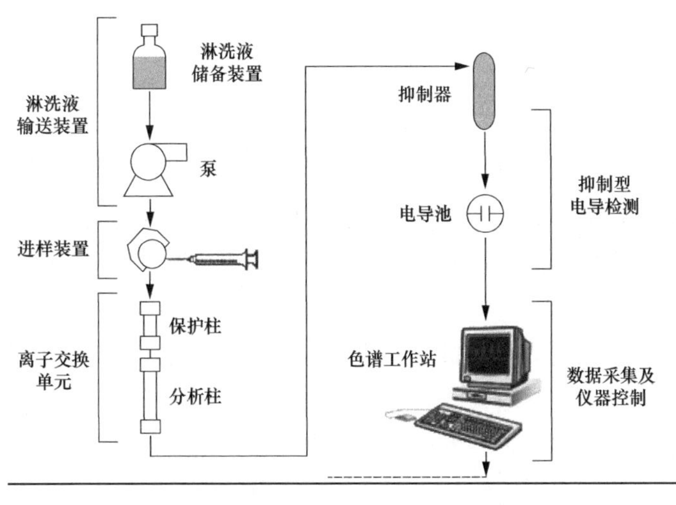

图 3–3　离子色谱仪

103. 离子色谱淋洗液的配制及保存注意事项是什么?

答: 阴离子淋洗液：用碳酸盐配制，先配制高浓度的淋洗液作为储备液，使用时用高纯水稀释；用氢氧化钠配制，先配制 50% NaOH 作为储备溶液，使用时用高纯水稀释。

阳离子淋洗液：用甲烷磺酸（MSA）配制，取一定浓度的甲烷磺酸（MSA）配成储备液（可以配制为 2mol/L 的储备液），使用液为 20mmol/L。

保存：使用聚丙烯（PP）瓶，保存在暗处，温度在 4℃左右，通常可以保存 6 个月。

104. 什么是离子色谱的淋洗液和淋洗液在线发生器?

答: 离子色谱淋洗液是样品通过分析柱的载体。离子色谱分离是基于淋洗离子和样品离子之间对树脂有效交换容量的竞争，为了得到有效的竞争，样品离子和淋洗离子应有相近的亲合力。淋洗液在线发生器通过水电解法产生 OH^- 或 H^+，与树脂中已经结合的 K^+ 或 Cl^- 形成 KOH 或 HCl，成为淋洗液。这种方法减少了 OH^- 因空气中 CO^2 干扰使基线不稳、背景改变的情况，产生的 KOH 浓度还可以通过电流进行控制，很容易地进行梯度淋洗。

105. 简述离子色谱法检测水中阴离子的方法并绘制检测流路图。

答: 样品阀处于装样位置时，一定体积的样品溶液被注入样品定量环。当样品阀切换到进样位置时，淋洗液将样品定量环中的样品溶液（或将富集于浓缩柱上的被测离子洗脱下来）带入分析柱，被测阴离子根据其在分析柱上的保留特性不同实现分离。淋洗液携带样品通过抑制器时，所有阳离子被交换为氢离子，氢氧根型淋洗液转换为水，碳酸根型淋洗液转换为碳酸，背景电导率降低；与此同时，被测阴离子被转化为相应的酸，电导率升高。由电导检测器检测响应信号，数据处理系统记录并显示离子色谱图。以保留时间对被测阴离子定性，以峰高或峰面积对被测阴离子定量，测出相应阴离子含量。检测流路如图 3–4 所示。

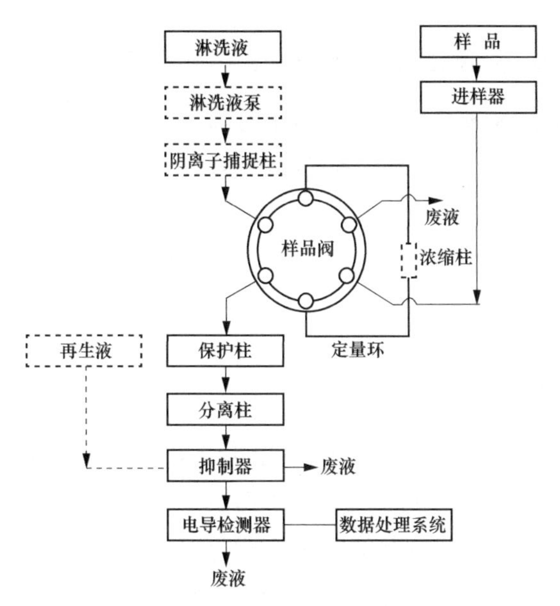

图 3–4　离子色谱检测流路

106. 离子色谱中梯度淋洗的定义及作用是什么?

答：梯度淋洗是指在同一个分析周期中，按一定程度不断改变流动相的浓度配比。

在离子色谱分析中，采用梯度淋洗技术可以提高分离度、缩短分析时间、降低检测限，对于复杂的混合物，特别是对保留强度差异很大的混合物的分离，是极为重要的一种手段。

107. 影响离子色谱法保留时间的因素有哪些?

答：（1）离子价态。通常待测离子的价数越高，保留时间越长。多价离子的保留如正磷酸盐与淋洗液的 pH 值有关。

（2）离子大小。水合离子半径大，保留时间长。

（3）离子极性。极性强的离子保留时间长。

108. 简述离子色谱柱的分离原理和分离度的定义。

答：分离原理是由于各种离子对离子交换树脂的亲和力不同，样品通过分离柱时被分离成不连续的谱带，依次被淋洗液洗脱。

分离度（Resolution，符号 R）指两个相邻色谱峰的保留时间差与两个组分峰的平均峰宽的比值，是柱效能、选择性影响的总和，是色谱柱的总体分离效能指标。

109. 离子色谱中灌注的目的是什么？

答：灌注的目的就是排气泡。更换淋洗液或者停泵再启动后都要灌注，通常以最大流速将淋洗液排除，同时排掉管道内气泡。因为管路中进入气泡会影响分离效果和检测信号的稳定性，会导致基线不稳定，产生较大噪声，使检测灵敏度降低，所以打开离子色谱工作站第一步就是灌注，排气泡。

110. 离子色谱仪中抑制器的工作原理及作用是什么？

答：通过树脂上的离子交换，离子交换膜上的离子浓差扩散，或离子电迁移来实现。在阴离子分析中，淋洗液中的 Na^+ 和样品中的阳离子流经抑制器后被转换成 H^+；在阳离子分析中，淋洗液中的 SO_3H^- 和样品中的阴离子被转换成 OH^-。

抑制器在整个离子色谱系统中起化学放大作用。放大作用由两部分组成：一是将高电导率的淋洗液，即阴离子分析中的弱酸盐溶液或碱溶液；阳离子分析中的强酸溶液，流经抑制器后转换成低电导率溶液。二是将样品中的配对离子转换为 H^+。阳离子分析中将样品中配对的酸根离子流经抑制器后转换为 OH^-。其主要作用有以下三项：

（1）降低淋洗液的背景电导。

（2）增加被测离子的电导值。

（3）消除反离子峰对弱保留离子的影响。

111. 测定水中阴、阳离子时有哪些注意事项？

答：（1）用高纯水充分涮洗、浸泡，最好用超声波清洗，平时用高纯水浸泡取样瓶，时常换水。

（2）取样管水流应是常流的，若未打开，应打开阀门冲洗管路30min后再取样。若取样管位置不便取样，应提前一天在取样管上接乳胶管冲洗，以保证取样不被污染。

（3）取样时用待取水样涮洗取样瓶及瓶盖3次以上，再接满水样，盖上瓶盖。注意不要用手触及瓶口，以免污染。

（4）采用mg/L级离子色谱方法程序，小体积进样（如25μL，50μL）。根据水样中离子含量或电导率，适当稀释水样进行测试。保证稀释后电导率在25 ~ 50μS/cm。

112. 离子色谱仪基线噪声和漂移偏大的原因是什么？

答：基线噪声偏大的原因主要有抑制器离子交换膜缺乏活性、色谱柱或电导池受污染严重、系统流路中存在气泡、电路系统接地不良等。处理基线问题，通常需要检查电路系统，看是否可靠接地；另外需要打开排气阀门，排出流路中的气泡，并对色谱柱、电导池等进行清洗。

基线漂移偏大的原因主要有梯度洗脱、室内环境过高、温度波动性大或者是因为淋洗液浓度没有达到平衡，系统内部存在渗漏现象或者系统内进入气泡和有污染物流出。另外也需要检查若基线系统电路是否有故障，对系统恒流源电路部分进行检查测量。

113. 离子色谱柱日常维护有哪些注意事项?

答:（1）防止气泡对色谱柱的干扰。仪器较长时间不用时，要将恒流泵进液的过滤头一直放在水中，避免在空气中干燥吸附气体。再使用的时候一定要检查整个流动管路中是否有气泡，如果有，要先将气泡排除后再将色谱柱接上，防止将气泡带到色谱中。因为色谱柱中装填的树脂的颗粒是很小的，气泡进入后将影响树脂和样品中离子的交换，同时气泡也将影响基线的稳定性。

（2）柱的清洁与维护。柱在任何情况下不能碰撞、弯曲或强烈振动；当柱和色谱仪联结时，阀件或管路一定要清洗干净；要注意流动相的脱气；避免使用高黏度的溶剂作为流动相；实际样品在测定时要经过预处理，通常上机试液的电导率在50μS/cm以下，严格控制进样量。色谱柱需保存在碱性溶液中，不能采用纯水冲很长时间。

114. 离子色谱仪高压恒流泵的维护有哪些注意事项?

答:（1）工作压力要适当。泵的工作压力不要超过规定的最高压力，否则会使高压密封环变形，产生漏液。“流量选择”开关使用时避免从0向9拨动，使柱压升高而损害柱子和高压恒流泵。

（2）防止空泵运转造成的损坏。泵工作时要随时观察溶液，防止瓶内的流动相用完，严禁将溶液吸干。否则空泵运转磨损柱塞、密封环或缸体，最终产生漏液。过滤头要始终浸在溶液底部，要避免向上反弹而吸进气泡。更换液体时要关机操作。

（3）防止固体微粒对高压恒流泵的损坏。任何固体微粒进入泵体，包括尘埃或其他任何杂质都会磨损柱塞、密封环、缸体和单向阀，可采用滤膜(0.12μm或0.45μm)等滤器除去流动相中的任何固体微粒。滤器要经常更换。

115. 电感耦合等离子体发射光谱法的分析原理是什么？

答：（1）高频发生器产生的交变电磁场，使通过等离子体火炬的氩气电离、加速并与其他氩原子碰撞，形成等离子体。

（2）过滤或消解处理过的样品经进样器中的雾化器被雾化，并由氩载气带入等离子体火炬中被原子化、电离、激发。

（3）不同元素的原子在激发或电离时可发射出特征光谱，特征光谱的强弱与样品中原子浓度有关，与标准溶液进行比较，即可定量测定样品中各元素的含量。

116. 什么是等离子体？

答：等离子体是物质在高温条件下，处于高度电离的一种状态。由原子、离子、电子和激发态原子、激发态离子组成，总体呈电学中性和化学中性，为物质在常温下的固体、液体、气体状态之外的第四状态。

117. 电感耦合高频等离子焰炬的特点是什么？

答：（1）由于高频感应电流的趋肤效应产生的电屏蔽大大地减缓了原子和离子的扩散，因而是非常灵敏的分析光源，一般元素的检测极限常低于 10 ~ 8μg/L。

（2）激发温度高，可达 8000 ~ 10 000K，能激发一些在一般火焰中难以激发的元素，且不易生成难熔金属氧化物。

（3）放电十分稳定，分析精密度高，偏差系数可小至 0.3%。

（4）等离子体的自吸效应很小，分析曲线的直线部分范围达 4 ~ 5 个数量级。

（5）体效应小，化学干扰少，通常可用纯水配制标准溶液，或用同一套标准试样溶液来分析几种基体不同的试样。

（6）可同时进行多元素测定。

118. 电感耦合等离子发射光谱法在配制所用的多元素混合标准溶液时应考虑哪些因素?

答: (1)为进行多元素同时测定,简化操作手续,可根据元素间相互干扰的情况与标准溶液的性质,用单元素中间标准溶液,分组配制多元素混合标准溶液。

(2)由于所用标准溶液的性质及仪器性能及对样品待测项目的要求不同,元素分组情况也不尽相同。

(3)混合标准溶液的酸度尽量保持与待测样品溶液的酸度一致。

119. 电感耦合等离子体发射光谱法存在哪些干扰?

答: (1)物理干扰。样品溶液黏度、表面张力及密度差异引起谱线强度的变化,主要表现为酸效应和盐效应。

(2)化学干扰。是火焰光源经常发生的干扰效应,又称为溶剂蒸发效应。

(3)电离干扰。易电离元素进入电离源(ICP),推动电离平衡向中性原子移动,离子浓度降低,而原子浓度升高,谱线强度受到影响。

(4)光谱干扰。此类干扰比较常见,通常用干扰系数法来校正。

120. 电感耦合等离子体质谱仪的日常维护要点有哪些?

答: (1)石英炬管、进样管、雾化室需定期清洗。拆下将其装入烧杯中,加入3%~5%的硝酸溶液置于超声波振荡器中清洗10min。清洗完仍然有附着物残存,可将硝酸的浓度提高至20%加以清洗。清洗完毕后,用去离子水清洗各部分,再用吹风机将石英炬管的内外表面吹干。

(2)水循环机。每6个月或12个月换一次水。检查安装在水循环机上的水过滤器并且定期更换滤芯，周期是3个月或者根据需要。循环水可以使用添加了氯胺-T的蒸馏水，如水循环机的容量是6.8L。需要加1.8g的氯胺-T到蒸馏水里。

（3）机械泵。每个月都应该检查机械泵油，以保证泵油液面处于最大，最小刻度线之间，而且泵油颜色正常、洁净。如果泵油脏了，需要及时更换以保证仪器始终能维持良好的真空状态。

（4）气路系统的维护：

1）定期检查外气路，看是否有漏气。

2）定期检查内气路，看是否有漏气。

3）注意养成良好的用气习惯。开机前要确认气瓶的压力是否在正常范围内，一般为0.6 ~ 0.8MPa。上机结束后要及时关闭增压阀，以免造成泄压。

121. 电感耦合等离子体质谱仪法测定水中金属元素的原理是什么？

答：水样经预处理后，采用电感耦合等离子体质谱仪进行检测，根据元素的质谱图和特征离子进行定性，内标法或外标法定量。样品由载气带入雾化系统进行雾化后，以气溶胶形式进入等离子体的轴向通道，在高温和惰性气体中被蒸发、解离、原子化和电离，转化成的带电荷的正离子经离子采集系统进入质谱仪，质谱仪根据离子的质核比即元素的质量数进行分离并定性、定量分析。在一定浓度范围内，元素质量数所对应的信号响应值与其浓度成正比。

122. 电感耦合等离子体质谱仪中非质谱干扰种类及消除方法是什么？

答：非质谱干扰主要包括基体抑制干扰、空间电荷效应干扰、物理效应干扰等。非质谱干扰程度与样品基体性质有关，可通过内标法、仪器条件最佳化或标准加入法等措施消除。

123. 电感耦合等离子体质谱仪法测定水中金属元素空白样的要求是什么？

答：每批样品至少做一个全程序空白及实验室空白。空白样应符合下列的情况之一才能被认为是可接受的：

（1）空白值应低于方法检出限。

（2）空白值低于标准限值的 10%。

（3）空白值低于每一批最低测定值的 10%。否则须查找原因，重新分析直至合格之后才能分析样品。

124. 原子荧光光谱法检测的基本原理是什么？

答：原子荧光光谱法是通过测量待测元素的原子蒸气在辐射能激发下产生的荧光发射强度，来确定待测元素含量的方法。

气态自由原子吸收特征波长辐射后，原子的外层电子从基态或低能级跃迁到高能级，经过 8 ~ 10s，又跃迁至基态或低能级，同时发射出与原激发波长相同或不同的辐射，称为原子荧光。原子荧光分为共振荧光、直跃荧光、阶跃荧光等。

发射的荧光强度与原子化器中单位体积该元素基态原子数成正比，即

$$I_f = \square\square I_0 ALN$$

式中：I_f 为荧光强度；□ 为荧光量子效率，表示单位时间内发射荧光光子数与吸收激发光光子数的比值，一般小于 1；I_o 为激发光强度；A 为荧光照射在检测器上的有效面积；L 为吸收光程长度；ε 为峰值摩尔吸光系数；N 为单位体积内的基态原子数。

125. 原子荧光光谱仪的结构组成及其作用是什么？

答：原子荧光光谱仪主要包括激发光源、原子化器、分光系统、检测系统四个部分。

（1）激发光源。与原子吸收类似，目前原子荧光主要使用锐线

光源作为激发光源，其中又以空心阴极灯的使用较为广泛。空心阴极灯根据不同的待测元素作阴极材料制作而成，其辐射强度与灯的工作电流有关，辐射光具有强度大、稳定、谱线窄的特点。

（2）原子化器。它是将被测元素转化为原子蒸气的装置，可分为火焰原子化器和电热原子化器，目前使用的大多是氩氢火焰原子化器。

（3）分光系统。原子荧光分析仪分为非色散型原子荧光分析仪与色散型原子荧光分析仪。其差别在于单色器部分，非色散型仪器不使用单色器。

（4）检测系统。目前应用较广泛的是光电倍增管（PMT），它由光电阴极、若干倍增极和阳极三部分组成。光电阴极由半导体光电材料制成，入射光在上面打出光电子，由倍增极将其加上电压，阳极再收集电子，外电路形成电流输出光电倍增管，再经由检测电路将电流转换为数字信号。检测器与激发光束成直角配置，以避免激发光源对检测原子荧光信号的影响。

126. 原子荧光法测定汞、砷的检测原理是什么？

答：（1）经预处理后的试液进入原子荧光仪，在酸性条件的硼氢化钾（或硼氢化钠）溶液还原作用下，生成砷化氢气体和汞原子。

（2）生成的砷化氢气体和汞原子由载气（氩气）直接导入石英管原子化器中，进而在氩氢火焰中形成基态原子。

（3）基态原子受和汞原子受汞砷空心阴极灯光源的激发，产生原子荧光。

（4）检测原子荧光的相对强度，利用荧光强度与溶液中的待测元素含量呈正比的关系，计算样品溶液中相应成分的含量。

127. 原子荧光法测水中汞、砷、硒有哪些注意事项？

答：（1）待机超过 2h，再次开始测试前要重新校准曲线零点、进行中间点浓度的核查，测试结果的相对偏差应不大于20%（平时实际做测试时应控制在5%以内）。

（2）当测试样品浓度值超过曲线上限时，应进行清洗程序，重测校准曲线零点和中间点浓度，测试结果的相对偏差不大于20%（平时实际做测试时应控制在5%以内）。

（3）实验室工作温度应保持恒定，波动范围在5℃以内。

（4）硼氢化钾是强还原剂，极易与空气中的氧气和二氧化碳反应，在中性和酸性溶液中易分解产生氢气，因此配置硼氢化钾还原剂时，要将硼氢化钾固体溶解在氢氧化钠溶液中，并随用随配。

（5）实验室所用玻璃器皿需用1+1硝酸浸泡24h，或用热硝酸荡洗。清洗时依次用自来水、去离子水清洗。

128. 原子荧光法测定水中汞、砷、硒、锑时存在的干扰种类及消除方法是什么？

答：（1）酸性介质中能与硼氢化钾反应生成氢化物的元素会相互影响产生干扰，加入硫脲+抗血酸溶液可以基本消除干扰。

（2）高于一定浓度的铜等过渡金属元素可能对测定有干扰，加入硫脲+抗血酸溶液，可以消除绝大部分的干扰。在标准的实验条件下，样品中含100mg/L以下的Cu^{2+}、50mg/L以下的Fe^{3+}、1mg/L以下的Co^{2+}、10mg/L以下的Pb^{2+}（对硒是5mg/L）和150mg/L以下的Mn^{2+}（对硒是2mg/L）不影响测定。

（3）物理干扰消除。选用双层结构石英管原子化器，内外两层均通氩气，外面形成保护层隔绝空气，使待测元素的基态原子不与空气中的氧和氮碰撞，降低荧光猝灭对测定的影响。

129. 在测水中汞时如何判断容器污染的原因并改善？

答：判断是否是器皿的问题，可以用一个干净的容器配制若干2%酸，部分倒入被怀疑有污染的容器中，振荡几分钟后上机，看两容器中荧光值是否相近，被浸染的器皿中的酸测出的荧光值会高很多。若器皿质量不好（有些厂家器皿本身含所测元素的量比较大），只能更换，尽量选用 A 级的容量瓶、刻度管；若泡器皿的酸不好，应尽量用优级纯的硝酸，并定量更换；若容器没有清洗干净，应进行清洗。

130. 总有机碳（TOC）的含义及测量原理是什么？

答：TOC 为有机物中总的碳含量。其测量原理是通过检测有机物完全氧化前后二氧化碳含量的变化，折算为碳含量来计算有机物中总的碳含量，可使用膜电导法或使用非色散红外检测器的仪器进行测量。无论有机物成分如何变化，水汽中 TOC 含量仅表述有机物中总的碳含量，杂原子的含量不被反映。

131. TOC_i 的含义及测量原理是什么？

答：TOC_i 为 TOC 与有机物中杂原子含量之和。

TOC_i 的测量原理：去除电厂水汽中的碱化剂及阳离子的干扰后，检测有机物完全氧化前后电导率的变化，折算为二氧化碳含量变化（以碳计）来表述有机物中碳含量及氧化后会产生阴离子的其他杂原子含量之和。测量 TOC_i 的仪器的检测器应使用直接电导法，仪器应具备克服氨、乙醇胺等碱化剂对测量干扰的功能。水汽中 TOC_i 为有机物中总的碳含量、卤素和硫等杂原子的含量。

132. 水中油类、石油类、动植物油类有什么区别？

答：水中油类指在 pH 值不大于 2 的条件下，能够被四氯乙烯萃取，萃取液在波数为 $2930cm^{-1}$、$2960cm^{-1}$ 和 $3030cm^{-1}$ 处有特征吸收的物质，主要包括石油类和动植物油类。

石油类指在 pH 值不大于 2 的条件下，能够被四氯乙烯萃取且不被硅酸镁吸附的物质。

动植物油类指在pH值不大于2的条件下，能够被四氯乙烯萃取且被硅酸镁吸附的物质，等于油类与石油类的差值。

133. 采用红外分光光度法测定石油类和动植物油类的原理是什么？

答： 水样在pH值不大于2的条件下用四氯乙烯萃取后，测定油类；将萃取液用硅酸镁吸附去除动植物油类等极性物质后，测定石油类。油类和石油类的含量均由波数分别为$2930cm^{-1}$（CH_2基团中C–H键的伸缩振动）、$2960cm^{-1}$（CH_3基团中C–H键的伸缩振动）和$3030cm^{-1}$（芳香环中C–H键的伸缩振动）处的吸光度A_{2390}、A_{2960}和A_{3030}，根据校正系数进行计算；动植物油类的含量则为油类与石油类含量之差。

134. 四氯乙烯的化学特性及操作防护措施有哪些？

答： 四氯乙烯属于中等毒害品，无色液体，有氯仿样气味。操作时应在通风橱内进行，按规定要求佩戴安全防护器具，如防护眼镜、防化学品手套，避免接触皮肤和衣物。

135. 重铬酸盐滴定法测水中化学需氧量时如何消除氯化物的影响？

答： 氯离子可与硫酸汞结合成可溶性的氯汞络合物。可用适量浓度硝酸银滴定法粗判水中氯离子含量，根据水中氯离子含量添加硫酸汞的加入量，一般硫酸汞溶液按质量比$m[HgSO_4]:m[Cl^-]\geqslant 20:1$的比例加入，最大加入量为2mL（按照氯离子最大允许浓度1000mg/L计）。当氯离子含量超过1000mg/L时，COD的最低允许值为250mg/L，若低于此值，结果就不可靠。

136. 重铬酸盐滴定法测水中化学需氧量时的注意事项有哪些？

答：（1）消解时应使溶液缓慢沸腾，不宜爆沸。如出现爆沸，说明出现局部过热，易导致测定结果有误。可在加热器上垫石棉网或多加几颗防爆玻璃珠。

（2）试亚铁灵指示剂的加入量应尽量一致，当溶液的颜色先变为蓝绿色再变到红褐色即达到终点，几分钟后可能还会重现蓝绿色但无需再次滴定。

（3）至少做两个空白样，空白试验中的硫酸银—硫酸溶液和硫酸汞用量应与样品的用量保持一致。

（4）对于污染严重的水样，应取适量水样，加入适量试剂，直至溶液不变蓝绿色为止。

137. 高锰酸钾法测水中化学需氧量时的注意事项有哪些？

答：（1）酸性法适用于水中氯离子含量低于300mg/L，反之应采用碱性法。

（2）水浴加热30min，是从水浴重新沸腾起计时，且沸水浴的液面要高于反应溶液的液面。

（3）在水浴加热完毕后，溶液仍应保持淡红色，如变浅或完全褪去，说明高锰酸钾用量不够。此时应将水样稀释倍数加大后再测，一般使加热氧化后剩余的高锰酸钾为其加入量的1/3 ~ 1/2为宜。

（4）草酸钠与高锰酸钾的反应温度应保持在60 ~ 80℃，滴定一定要趁热进行，若溶液温度过低，需适当加热。

138. 高锰酸盐指数COD_{Mn}与化学需氧量COD_{Cr}的区别是什么？

答：两者都是利用有机物可以被氧化的性质，通过测定消耗氧化剂的量来间接表示水中有机物的含量高低。

高锰酸盐指数COD_{Mn}是利用高锰酸钾作氧化剂，将过量的高锰酸钾加入水中并维持一定的反应温度和反应时间，测定反应过程中消耗的高锰酸钾量，然后计算出COD值，是被高锰酸钾氧化的那部分有机物和一部分还原态的无机物。适合检测比较干净的水，如原水、给水等。

COD_{Cr}是利用重铬酸钾作氧化剂，氧化能力强，氧化温度和氧化时间与高锰酸钾法不同。COD_{Cr}一般比COD_{Mn}大，但二者之间没有固定的比例关系。

139. 重铬酸钾快速法测定化学需氧量的原理是什么？

答：重铬酸钾快速法测定化学需氧量是水中有机物与强氧化剂作用时，消耗的强氧化剂换算成氧的量。采用重铬酸钾快速法时，为缩短回流时间，提高了水样的酸度，并用了催化剂，同时加入了硝酸银和硝酸铋，以掩蔽水中氯离子对测定的干扰，反应式如下：

$$Cl^- + Ag^+ = AgCl\downarrow$$

$$Cl^- + Bi^{3+} + H_2O = BiOCl\downarrow + 2H^+$$

测定中采用返滴定法，用硫酸亚铁铵滴定过量的重铬酸钾，以试亚铁灵为指示剂。

140. 测定水中的溶解氧时的注意事项有哪些？

答：（1）当水样pH值大于10或活性氯、悬浮物含量较高时，会使测定结果偏低。

（2）铜的存在会使测定结果偏高，是因为水中的铜会与试剂中的氨作用生成铜氨络离子。但当含铜量小于10 μg/L时，对测定结果影响不大。

（3）配制靛蓝二磺酸钠储备液时，不可直接加热，否则溶液颜色不稳定。

（4）每次测定完毕后，应将锌还原滴定管内剩余的氨性靛蓝二磺酸钠溶液放至液面稍高于锌汞层，待下次试验时注入新配制的溶液。

（5）锌还原滴定管在使用过程中会放出氢气，应及时排除，以免影响还原效率。

（6）锌汞剂表面颜色变暗时，应重新处理后再使用。

（7）氨性靛蓝二磺酸钠缓冲液放置时间应不超过 8h，否则应重新配制。

（8）苦味酸是一种炸药，不能将固体苦味酸研磨、锤击或加热，以免引起爆炸。为安全起见，可在苦味酸固体中加入少许水润湿，在使用前，用滤纸除去其中一部分水分，然后在硫酸干燥器内干燥。

（9）取样与配标准色用的溶氧瓶规格必须一致，瓶塞要十分严密。取样瓶使用一段时间后瓶壁会发黄，影响测定结果，应定期进行酸洗。

（10）氨性靛蓝二磺酸钠中含氨浓度应在 0.2 ~ 0.3mol/L 范围内，含氨浓度太大时，显色反应不稳定；含氨浓度太小时，显色反应迟缓。

141. 影响极谱式溶氧分析仪测定的因素有哪些？

答：（1）水样温度。聚四氟乙烯薄膜的透气率随温度变化而变化，随着水样温度的升高，水中的溶解度降低，通过聚四氟乙烯薄膜的含氧量增加；电极反应的速度也与温度有关。

（2）被测水样流速。流速增大，传感器的响应值减小，故水样的流速一般在 18 ~ 20L/h。

（3）本底电流。支持电解液中的溶解氧能产生很大的本底电流，本底电流过大，造成测量水样氧量误差，需要尽快消除本底氧。

（4）水质。水质不良，传感器易受污染，导致灵敏度降低。

142. 碘量法测定水中溶解氧在配制和使用硫代硫酸钠溶液时有哪些注意事项？

答：（1）使用新煮沸并冷却的纯水，以除去水中二氧化碳和氧气，杀死细菌。

（2）加入适量氢氧化钠（或碳酸钠），保持溶液呈弱碱性，以抑制细菌生长。

（3）在光线照射和细菌作用下，硫代硫酸钠会发生分解反应，溶液应避光保存，并储于棕色瓶中。

（4）固体硫代硫酸钠容易风化，并含有少量杂质，因此不能直接用称量法配制标准溶液。

（5）硫代硫酸钠水溶液不稳定，易与溶解在水中的二氧化碳和氧气反应，因此需定期标定。

143. 测定 BOD_5 时样品的前处理包含哪些内容？

答：（1）用盐酸溶液或氢氧化钠溶液调节 pH 值至 6 ~ 8。

（2）去除余氯和结合氯。若样品中含余氯，一般放置 1 ~ 2h 即可消失；对短时间内不可消失的余氯，加入适量亚硫酸钠去除。

（3）样品均质化。含有大量颗粒物、需要较大稀释倍数或经冷冻保存的样品，测定前应摇匀。

（4）样品中含藻类时，BOD_5 会偏高。分析结果精度要求较高时，样品应用 1.6μm 滤膜过滤。

（5）含盐量低的样品，非稀释样品电导率小于 125μS/cm 时，应在样品中加入适量相同体积的四种盐溶液，使样品电导率大于 125μS/cm。

144. 水质五日生化需氧量检测时的注意事项有哪些？

答：（1）稀释法空白试样的测定结果不能超过 0.5mg/L，非稀释接种法和稀释接种法空白试样的测定结果不能超过 1.5mg/L，否则应检查可能的污染来源。

（2）实验室要求待测试样温度达到 20℃ ±2℃，需注意稳定，否则当样品量大时，容易超出试样温度范围，造成结果偏差。

145. 五日生化需氧量（BOD_5）采用稀释与接种法的测定原理是什么？

答： 生化需氧量是指在规定的条件下，微生物分解水中的某些可氧化的物质，特别是分解有机物的生物化学过程消耗的溶解氧。通常情况下是指水样充满完全密闭的溶解氧瓶，在 20℃ ±1℃的暗处培养 5d±4h 或先在 0 ~ 4℃的暗处培养 2d，接着在 20℃ ±1℃的暗处培养 5d，分别测定培养前后水样中溶解氧的质量浓度，由培养前后溶解氧的质量浓度之差，计算每升样品消耗的溶解氧量，以 BOD_5 表示。

146. 实验室废液处理有什么要求？

答： 实验室废液由实验室分类（有机、无机、酸、碱等）、指定地点集中及指定容器存放管理，严格分区、分类之后统一按国家和地方相关规定进行处理。应符合下列要求：

（1）实验室盛放废液的容器应不易破损、变形、老化，并应防止渗漏、扩散。

（2）盛放废液的容器应贴有标签，标明废液的名称、质量、成分、时间等。

（3）因为不同废液之间会发生化学反应产生新的有害物质，所以在操作过程中应严格做到使用一定规格的储存容器分类存放。

（4）储存容器应洁净，避免交叉反应引起污染。

（5）废液储存应使用有塞容器，防止挥发性气体逸出。

（6）废液的储存应避光，远离火源、水源，有固定场所存放，不能随意搬动。

147. 确保试验结果准确性和有效性的措施主要有哪些？

答：（1）使用标准物质或质量控制物质。

（2）使用其他已校准能够提供可溯源结果的仪器。

（3）检查测量和检测设备的功能。

（4）进行测量设备的期间核查。

（5）使用相同或不同方法重复检测。

（6）留存样品做重复检测。

（7）比对物品不同特性结果之间的相关性。

（8）进行实验室内和实验间比对。

（9）进行报告结果的审查。

（10）进行盲样测试。

148. 监测数据“五性”的含义是什么？

答：监测数据“五性”包括：代表性、准确性、精密性、可比性和完整性。

（1）代表性，指在具有代表性的时间、地点，按规定的采样要求采集有效样品，使监测数据能真实代表污染物存在的状态和污染现状。

（2）准确性，指测定值与真实值的符合程度，一般以监测数据的准确度来表征。

（3）精密性，指测定值有无良好的重复性和再现性，一般以监测数据的精密度表征。

（4）可比性，指用不同的测定方法测量同一样品时，所得出结果的一致程度。

（5）完整性，强调工作总体规划的切实完成，即保证按预期计划取得有系统性和连续性的有效样品，而且无缺漏地获得监测结果及有关信息。

149. 含氰废液应如何处置而不易产生毒害？

答：含氰废液倒入废酸缸中是很危险的，氰化物和酸反应会生成剧毒的氰化氢气体，随时可致人死亡。含氰废液应先加入氢氧化钠使 pH 值在 10 以上，再加入过量的 3% 高锰酸钾溶液，使 CN^- 氧化分解。若氰化物含量很高，可以加入过量的次氯酸钙和氢氧化钠进行破坏，也可在碱性介质中与亚铁盐作用生成亚铁氰酸盐进行破坏。

150. 电磁辐射防护训练内容主要有哪些？

答：（1）电磁辐射的性质及其危害性。

（2）常用防护措施、防护用具及使用方法。

（3）电磁辐射防护规定。

151. 余氯（总氯）、游离氯、化合氯的区别是什么？

答：余氯（总氯）指以游离氯、化合氯或两者并存的形式存在的氯。

游离氯指以次氯酸、次氯酸根或溶解性单质氯形式存在的氯，杀菌速度快，杀菌力强，但消失快。

化合氯指以氯胺及有机氯胺形式存在的氯，如 NH_2Cl、$NHCl_2$、$NHCl_3$ 等。

152. 分析方法检出限和测定下限的主要区别是什么？

答：方法检出限指某分析方法在给定的置信水平下，能从样品中定性地检出待测物的最小浓度或量。

测定下限指在限定误差能满足预定要求的前提下，以某分析方法能准确地定量测定待测物的最小浓度或量。测定下限由所要求的分析精密度决定。

同一种分析方法，按精密度要求的不同，其测定下限值常有较大差异，在一般情况下，测定下限相当于取 k=4 所得检出限的 4 倍。

153. 火电厂环境监测站需履行哪些职责?

答:（1）认真贯彻国家有关环保法规，根据 DL/T 1050—2016《电力环境保护技术监督导则》的各项要求，建立环境监测站的各项规章制度。

（2）完成规定的监测任务，监督本厂各排放口污染物排放状况，负责监督环保设施的运转状况，执行 DL/T 414—2012《火电厂环境监测技术规范》，保证监测质量。当污染物测定结果出现异常时，应及时查找原因，并及时上报。

（3）整理、分析各项监测资料，负责填报环境统计报表、监测月报、环境指标考核资料及其他环境报告，建立环保监测档案。

（4）加强环境监测仪器设备的维护保养和校验工作，确保监测工作正常进行。

（5）参加本厂环境污染事件的调查工作。

（6）参加本厂环境质量评价工作。

（7）参与本厂环境科研工作。

154. 环境监测的含义和主要目的是什么?

答: 环境监测指测定各种代表环境质量标志数据的全过程，是环境科学研究和环境保护的基础。

环境监测的主要目的如下:

（1）判断环境质量是否符合国家制定的环境质量标准。

（2）判断污染源造成的污染影响，包括确定污染物在空间的分布模型，确定污染物浓度最高和潜在问题最严重的区域，确定控制和防治的对策，并评价防治措施的效果。

（3）根据污染物浓度的分布，追踪污染物质的污染路线和污染源。

（4）收集环境背景及趋势数据，积累长期监测的资料，为制定或修改环境质量标准提供依据。

（5）研究污染扩散模式，为新污染源对环境的影响进行预判断评价提供决策参考，并为环境污染的预测预报提供数据资料。

155. 污染源监测全程序质量保证体系的主要内容有哪些？

答：污染源监测全程序质量保证体系包含了保证环境监测结果正确可靠的全部活动和措施，主要内容有：

（1）制订监测计划。

（2）根据需要和可能考虑经济成本和效益，确定对监测数据的质量要求。

（3）规定相适应的分析测量系统，如采样布点、采样方法、样品的采集和保存、实验室的供应、仪器设备和器皿的选用。

（4）容器和量器的检定、试剂和标准物质的使用、分析测量方法、质量控制程序、技术培训。

（5）编写有关的文件、指南和手册等。

156. 废水中油的存在形式及处理方法有哪些？

答：（1）浮油。浮油是废水中的分散油，一般指在 2h 静置状态下可浮于水面的油珠，直径为 100 ~ 150μm，在水中呈悬浮状态。它可以依靠与水的密度差，很容易地从水中分离出来。

（2）乳化油。乳化油是非常细小的油滴，常以乳化状态存在，即使长期静置也难以从水中分离出来。这是由于油滴表面存在双电层或受乳化剂的保护而阻碍了油滴的合并，使其长期保持稳定状态。乳化油必须先破乳处理转化为乳油，然后再加以分离。

（3）溶解油。在水中呈溶解状态的油品称为溶解油，溶解度很小。此类处理方法应视溶解油的种类及物理化学性质来决定。

157. 实验人员在工作中的注意事项一般有哪些？

答：（1）实验人员必须认真学习化验操作规程和有关的安全技

术规程，了解仪器设备的性能及操作中可能发生事故的原因，掌握预防和处理事故的方法。

（2）实验人员进行危险性操作，如进行危险物料的现场取样、易燃易爆物的处理、加热易燃易爆物、使用剧毒物质或管控危化品等时均应有同事在旁监督，且监督者应能清楚地看到操作地点，并观察操作的全过程。

（3）实验人员禁止在实验室内吸烟、进食、喝茶、饮水，不能用实验器皿盛放食物，不能在实验室的冰箱内存放食物，离开实验室前应用洗涤剂洗手。

（4）实验室内严禁喧哗打闹，应保持实验室秩序井然。工作时应穿工作服，长头发要扎起。进行危险性工作时要佩戴防护用具，如防护眼镜、防护手套、防护口罩，甚至防护面具等。

（5）每日工作完毕，应检查电、水、气、窗等后再锁门。

（6）与实验无关的人员不应在实验室久留，也不允许实验人员在实验室做与实验无关的事。

（7）实验人员应具有安全用电、防火防爆、灭火、预防中毒及中毒救治等基本安全常识。

158. 实验室内部质量评价通常有哪些方法?

答:（1）用重复测定试样的方法来评价测试方法的精密度。

（2）用测量标准物质或内部参考标准中组分的方法来评价测试方法的系统误差。

（3）利用标准物质，采用人员比对、仪器比对的方法来评价测试方法的系统误差，可以评价这个系统误差是来自检测人员还是来自仪器设备。

（4）利用标准测量方法或权威测量方法与现用的测量方法的结果相比较，可用来评价方法的系统误差。

159. 系统误差与随机误差的区别是什么?

答: 随机误差指由于在测定过程中一系列有关因素微小的随机波动而形成的具有相互抵偿性的误差。其产生的原因是分析过程中种种不稳定随机因素的影响，如室温、相对湿度和气压等环境条件的不稳定。其绝对值和符号均不可预知。

系统误差指一种非随机性误差，如违反随机原则的偏向性误差，在抽样中由登记记录造成的误差等。其产生的原因是所抽取的样本不符合研究任务；不了解总体分布的性质，选择了可能曲解总体分布的抽样程序；有意识地选择最方便的和对解决问题最有利的总体元素，但这些元素并不代表总体（例如只对先进企业进行抽样）。

160. 测量不确定度的评估有哪些步骤?

答:（1）分析测量不确定度的来源，列出对测量结果影响显著的不确定度分量。

（2）评定标注不确定度分量，并给出其数值 u_{i} 和自由度 v_{i}。

（3）分析所有不确定度分量的相关性，确定各相关系数 □$_{\mathrm{ij}}$。

（4）求测量结果的合成标准不确定度，则将合成标准不确定度 u_{c} 及自由度 v。

（5）若需要给出展伸不确定度，则将合成标准不确定度 u_{c} 乘以包含因子 k，得展伸不确定度 $U=ku_{\mathrm{c}}$。

（6）给出不确定度的最后报告，以规定的方式报告被测量的估计值 y 及合成标准不确定度 u_{c}。

第四章　大宗化学品检测技术

1. 什么是聚合氯化铝？

答：聚合氯化铝俗称净水剂，又称聚氯化铝或碱式聚合氯化铝，简称聚铝（PAC），是一种多羟基多核络合体的阳离子型无机高分子絮凝剂，是介于 $AlCl_3$ 和 $Al(OH)_3$ 之间的一种水溶性无机高分子聚合物，化学分子式为 $Al_n(OH)_mCl_{3(n-m)}$（其中 m 代表聚合程度，n 代表 PAC 的中性程度，$0<m<3n$），且易溶于水，对水中胶体和颗粒物具有高度电中和及桥联作用，并可强力去除微有毒物及重金属离子，性状稳定。在水解过程中伴随电化学、凝聚、吸附和沉淀等物理化变化，最终生成 $Al_2(OH)_3(OH)_3$，从而达到净化目的。其液体为无色至黄色或黄褐色，无异味，固体为白色至黄色或黄褐色颗粒或粉末。

2. 影响聚氯化铝含量检测结果的因素有哪些？

答：（1）在制备工作溶液时，应使用不含有二氧化碳的水溶液，因为聚氯化铝水解后呈碱性，会与水中溶解的二氧化碳形成的碳酸氢根反应而影响测定结果。

（2）样品经硝酸消解后，加入 20mL 的乙二胺四乙酸二钠（EDTA）溶液，此时应采用单标线移液管移取，而非刻度移液管，因 EDTA 溶液与铝络合后，剩余量继续与氯化锌滴定溶液反应，EDTA 溶液体积的准确性直接影响滴定结果。

3. 在制备样品工作溶液时，有什么注意事项？

答：聚氯化铝中氧化铝含量对平行测定结果的绝对差值要求为：液体产品不大于0.1%，固体产品不大于0.2%。为保证该重复性要求，液体聚氯化铝用不含二氧化碳的水溶解并用容量瓶定容后，应反复摇匀；固体聚氯化铝用不含二氧化碳的水溶解后，若出现浑浊沉淀，应用中速滤纸过滤，过滤后溶液摇匀再作为待测溶液。

4. 什么是盐酸？

答：盐酸（hydrochloric acid）是氯化氢（HCl）的水溶液，属于一元无机强酸，工业用途广泛。盐酸的性状为无色透明的液体（工业用盐酸会因有杂质三价铁盐而略显黄色），有强烈的刺鼻气味，具有较强的腐蚀性。在分析化学中，用酸来测定碱的浓度时，一般都用盐酸来滴定。用强酸滴定可使终点更明显，从而得到的结果更精确。在1个标准大气压下，20.2%的盐酸可组成恒沸溶液，常用作一定气压下定量分析中的基准物。其恒沸时的浓度会随着气压的改变而改变。盐酸常用于溶解固体样品以便进一步分析，如溶解部分金属与碳酸钙或氧化铜等生成易溶的物质。

5. 砷斑法的方法原理是什么？

答：在酸性溶液中，用碘化钾和氯化亚锡将五价砷还原为三价砷，加锌粒与酸作用，产生氢气，使三价砷进一步还原为砷化氢。砷化氢气体与溴化汞试纸作用时，产生棕黄色的汞砷化物，与标准色斑比较。

6. 用滴定法检测工业用合成盐酸总酸度时对样品量及取样检测的环节的要求有哪些？

答：样品量不少于500mL，装于清洁、干燥的塑料瓶或具磨口塞的玻璃瓶中，密封。取样检测时，用玻璃移液管移取 3mL 左右的样品，置于已装有 15mL 水并已称量（精确到 0.0001g）的锥形瓶中，混匀并称量（精确到 0.0001g）。因高浓度的盐酸具有挥发及腐蚀性，此步骤应迅速完成，以获得样品的准确质量。

7. 什么是氢氧化钠？

答：氢氧化钠，化学式为 NaOH，俗称烧碱、火碱、苛性钠，为一种具有强腐蚀性的强碱，一般为片状或块状形态，易溶于水（溶于水时放热）并形成碱性溶液，另有潮解性，易吸取空气中的水蒸气（潮解）和二氧化碳（变质）。

氢氧化钠是化学实验室必备的一种化学品，亦为常见的化工品之一。纯品是无色透明的晶体，密度 $2.130g/cm^3$，熔点 318.4℃，沸点 1390℃；工业品含有少量的氯化钠和碳酸钠，是白色不透明的晶体；有块状，片状，粒状和棒状等；相对分子质量 39.997。

氢氧化钠被广泛应用于水处理工艺中。在污水处理厂，氢氧化钠可以通过中和反应减小水的硬度。在工业领域，氢氧化钠是离子交换树脂再生的再生剂。

8. 工业用氢氧化钠和碳酸钠含量测定时，对实验器皿的选择和使用有何要求？

答：因为氢氧化钠与玻璃器皿（主要成分为 SiO_2）易反应生产硅酸钠，所以溶解试样所用的烧杯、定容所用的容量瓶若采用玻璃材质，易消耗氢氧化钠，降低其浓度，故应选择塑料材质为宜。在移取试样溶液时，应采用单标线胖肚移液管准确量取，使用完后应马上用水冲洗，避免氢氧化钠在内壁残留腐蚀移液管，影响下次使用。

9. 工业用氢氧化钠采用 1，10– 菲啰啉分光光度法进行铁含量测定的检测原理是什么？

答：铁在工业用氢氧化钠中以离子态存在，抗坏血酸将试样溶液中的三价铁还原成二价铁，添加乙酸乙酸钠缓冲溶液使 pH 值为 4 ~ 6，二价铁与 1，10– 菲啰啉生成橙红色络合物，在 510nm 最大吸收波长处测定其吸光度。

10. 工业用氢氧化钠采用 1，10– 菲啰啉分光光度法进行铁含量测定，加入抗坏血酸及乙酸乙酸钠缓冲溶液后，试样未显色的原因可能有哪些？

答：（1）抗坏血酸溶液已失效。抗坏血酸属于还原剂，长时间放置易被氧化而失效，失效后不能将三价铁还原成二价铁，因而不能显色。一般抗坏血酸溶液失效时呈淡黄色，有效时溶液为无色透明。

（2）乙酸乙酸钠缓冲溶液失效。该溶液不能将 pH 值控制在 4 ~ 6 之间，导致络合物不能显色。此时可用广泛 pH 试纸检验乙酸乙酸钠溶液的有效性。

（3）上述溶液均有效时，可能是因为样品铁含量小于方法检出限（0.00005%）。

11. 什么是硫酸？

答：硫酸（化学式 H_2SO_4），是硫最重要的含氧酸。无水硫酸为无色油状液体，10.36℃时结晶。通常使用的是硫酸的不同浓度的水溶液，可用塔式法和接触法制取。前者所得为粗制稀硫酸，质量分数一般在 75%左右；后者可得质量分数为 98.3%的浓硫酸，沸点 338℃，相对密度 1.84g/m^3。硫酸是一种最活泼的二元无机强酸，能与绝大多数金属发生反应。高浓度的硫酸有强烈吸水性，具有强烈的腐蚀性和氧化性，需谨慎使用。硫酸是一种重要的工业原料，可用于制造肥料、药物、炸药、颜料、洗涤剂、蓄电池等，也广泛应用于净化石油、金属冶炼及染料等工业中。硫酸常用作化学试剂，在有机合成中可用作脱水剂和磺化剂。

12. 什么是阻垢缓蚀剂？

答：阻垢缓蚀剂种类繁多，通常是一种或多种单一药剂复合配比的水处理药剂，且要根据金属表面状况、腐蚀介质组成及运行情况等因素进行种类选择。在水处理中常用的阻垢剂有无机聚磷酸盐、有机膦酸、膦羧酸、有机膦酸脂、聚羧酸等。

兼具缓蚀与阻垢功能的阻垢缓蚀剂主要有：有机膦类阻垢缓蚀剂，如ATMP、HEDP、DTPMPA、EDTMPS、HPAA等；另外少量的聚合物也含有一定的阻垢缓蚀功能，如膦酰基羧酸共聚物、绿色阻垢缓蚀剂PESA、PASP等。

阻垢缓蚀剂主要应用于工业循环水系统，如电厂、钢铁厂、化肥厂、油田注水系统等。一般的终端用户使用单一药剂作为阻垢缓蚀剂的不多，要根据系统情况设定方案，投加专用的缓蚀阻垢剂。

13. 为提高阻垢缓蚀剂固含量检测结果的准确性应注意哪些事项？

答：（1）带盖称量瓶已恒重。

（2）样品加入称量瓶后，小心摇动，在瓶底形成厚薄均匀的薄膜。

（3）放入室温烘箱中，温度逐渐上升至120℃±2℃，称量瓶盖半开，干燥6h。

（4）从干燥箱中取出后，立即盖上称量瓶盖，防止吸潮，并迅速放入干燥器中。

（5）不能长时间防置，冷却至室温后，应马上称量。

14. 若测得的阻垢缓蚀剂总磷酸盐含量超过已绘制的标准曲线最高点时，应采取什么措施保证样品检测的有效性?

答：因为总磷酸盐的测定过程需要加入氧化剂（硫酸、过硫酸铵）并水浴加热进行消解，使有机膦、亚磷酸盐转变为磷酸，消解后样品中的磷酸盐在加入钼酸铵及抗坏血酸溶液显色后进行测定。若检测结果超出标准曲线，不能将已显色的溶液直接进行稀释测定，而应减少取样量重新进行消解后测定。

15. 阻垢缓蚀剂密度测定的步骤及注意事项有哪些?

答：将阻垢缓蚀剂试样注入清洁、干燥的量筒内，不得有气泡，将量筒置于20℃的恒温水浴中，待温度恒定后，用温度计测定水温。将清洁、干燥的密度计缓缓放入试样中，其下端离筒底2cm以上，不能与筒壁接触，密度计的上端露在液面外的部分所沾液体不应超过2 ~ 3分度，待密度计在试样中稳定后，读出密度计弯月面下缘的刻度，即为20℃时试样的密度。

16. 阻垢缓蚀剂中亚磷酸盐含量测定的类别、滴定过程及注意事项有哪些?

答：阻垢缓蚀剂中亚磷酸盐含量的测定属于返滴定和氧化还原滴定。首先试样中的亚磷酸盐与碘反应被氧化成正磷酸盐，再用硫代硫酸钠滴定过量的碘，从而测得亚磷酸盐的含量。实验过程中，应使用碘量瓶而非一般锥形瓶，因碘属于易挥发易分解物质，具塞的碘量瓶及水封能有效减少碘的挥发。加完碘溶液后反应过程应放置在暗处进行，以减少碘的见光分解。

17. 阻垢缓蚀剂的类别、适用范围及区分指标是什么?

答：阻垢缓蚀剂一般分为A、B、C三类。A类阻垢缓蚀剂可用于不锈钢管、钛管循环冷却水处理系统，也可用于碳钢管冲灰水系统。B类阻垢缓蚀剂可用于铜管循环冷却水处理系统。C类阻垢缓蚀剂可用于要求有较高唑类含量的铜管循环冷却水处理系统。区分的主要指标为唑类含量，不含唑类的为A类，唑类含量不小于1.0%的为B类，唑类含量不小于3.0%的为C类。

18. 离子交换树脂遵循的验收规则是什么？

答：树脂生产厂应每釜为一批取样，用户已收到的货每五批（或不足五批）为一个取样单元。每个取样单元中，任取10包（件）单独计量，其总量应不少于铭牌规定的10包（件）量的和。若包装件中有游离水分，应除去游离水分后计量。取样应按照GB/T 5475—2013《离子交换树脂取样方法》的规定进行。每包装件应有树脂生产厂质量检验部门的合格证。使用单位应按照DL/T 519—2014《发电厂水处理用离子交换树脂验收标准》的规定对收到的树脂产品进行检验，并将部分样品封存以备复检。如需复检，应在收到树脂产品三个月内向树脂生产厂提出。检验结果中某项测定值不满足DL/T 519—2014要求时，应重新从取样单元中两倍的包装件中取样复检，并以复检结果为准。若用户对所订购离子交换树脂的技术要求超过DL/T 519—2014要求时，应按照供货合同要求进行验收。当供需双方对树脂产品的质量产生异议时，由双方协商解决或由法定质量检验部门进行仲裁。

19. 离子交换树脂应如何取样？

答：需要从同一批离子交换树脂中取样，共有n个包装件时，当$n \leqslant 3$时，每件取样不得少于3次；当$n > 3$时，采取随机取样方法，取样的总件数按照公式$\sqrt{n}+1$计算（出现小数按四舍五入法取其整数），每件取样不得少于2次。对离子交换树脂各项性能指标进行全面检验时，最终取样量不少于1L。

20. 离子交换树脂的组成有哪些?

答: 离子交换树脂是一类带有活性基团的网状结构高分子化合物，其分子结构可以分为以下两个部分:

(1) 离子交换树脂骨架。它是高分子化合物的基体，具有庞大的空间结构，支撑着整个化合物。

(2) 带有可交换离子的活性基团。它化合在高分子骨架上，提供可交换离子。活性基团也由两部分组成：一是固定部分，与骨架牢固结合，不能自由移动，称为固定离子；二是活动部分，遇水可以电离，并能在一定范围内自由移动，与周围水中其他带同类电荷的离子进行交换，称为可交换离子。

21. 离子交换树脂的定义是什么?

答: 离子交换树脂是一类带有官能团（有交换离子的活性基团）、具有网状结构、不溶性的高分子化合物，通常是球形颗粒物。离子交换树脂通过离子交换控制溶质中杂质离子的浓度，达到净化水质的目的。具体而言，就是当离子交换树脂（或其他具有交换能力的材料）浸没于其他溶质时，其本身具有的可解离离子能与溶质中带有同类电荷的离子进行交换反应。

22. 离子交换树脂命名字符组的规则是什么?

答: 离子交换树脂命名字符组共分 6 个。

字符组 1：离子交换树脂的形态分为凝胶性和大孔型两种，凡具有物理孔结构的称大孔型树脂，在全名称前加“D”以示区别。

字符组 2：以数字代表树脂产品官能团的分类，见表 4-1。

表 4–1　　字符组 2：数字代号

数字代号	分类名称	
	名称	官能团
0	强酸	磺酸基等
1	弱酸	羧酸基、磷酸基等
2	强碱	季胺基等
3	弱碱	仲、伯、叔胺基等
4	螯合	胺酸基等
5	两性	强碱 – 弱酸、弱碱 – 强酸
6	氧化还原	硫醇基、对苯二酚基等

字符组 3：以数字代表骨架的分类，见表 4–2。

表 4–2　　字符组 3：数字代号

数字代号	骨架名称
0	苯乙烯系
1	丙烯酸系
2	酚醛系
3	环氧系
4	乙烯吡啶系
5	脲醛系
6	氯乙烯系

字符组 4：顺序号，用以区别基团、交联剂等的差异。交联度用“×”号接阿拉伯数字表示。如遇到二次聚合或交联度不清楚时，可采用近似值表示或不予表示。

字符组 5：不同床型应用的树脂代号，见表 4–3。

表 4-3 字符组 5：代号

用途	代号
软化床	R
双层床	SC
浮动床	FC
混合床	MB
凝结水混床	MBP
凝结水单床	P
三层床混床	TR

字符组 6：特殊用途树脂代号，见表 4-4。

表 4-4 字符组 6：代号

特殊用途树脂	代号
核级树脂	—NR
电子级树脂	—ER
食品级树脂	—FR

23. 离子交换树脂的强型和弱型有什么区别？

答：目前常见的火力发电厂水处理用离子交换树脂分为强型和弱型，强型树脂基团常用 Na^+ 及 Cl^- 作为交换离子，弱型树脂常用 H^+ 及 OH^- 作为交换离子。强型树脂所使用强型功能基团，对使用环境的 pH 值要求较低，同时再生速度较快，可以胜任大多数净化任务；弱型树脂所使用的弱型基团，对使用环境的 pH 值有一定的要求，再生速率比强型较慢，但弱型树脂拥有比强型大得多的交换容量。

24. 什么是离子交换树脂工作交换容量？

答： 工作交换容量指单位体积的湿树脂所能交换离子的物质的量，单位为 mmol/g、mmol/L 等。离子交换器从投入运行开始，至出水中出现被除掉的离子的漏出量超过要求时为止，单位体积交换剂吸附的离子的量，反应的是离子交换树脂实际交换能力的量度。通常树脂的工作交换容量不仅受树脂结构的影响，还受溶液的组成、流速、温度、交换终点的控制及再生剂和再生条件等因素影响。

25. 离子交换树脂工作交换容量测定的方法是什么？

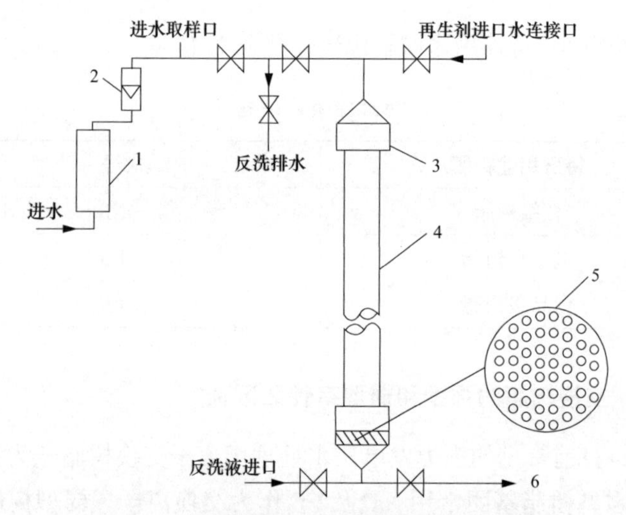

图 4–1　常用的离子交换树脂性能测试装置

1—过滤器；2—流量计；3—接头；4—有机玻璃交换柱；5—滤板（孔数 37 个，孔径 2.5mm，均布）；6—流量测定处（排放口、接水处、取样口）

答： 如图 4–1 所示，要测量某离子交换树脂的工作交换容量，需将树脂取固定量，经过三个周期进行检测。第一周期为反洗沉降，然后对树脂进行预处理，计算预运行流量，然后进行预运行。第二周期为计算树脂层体积，对树脂进行再生和置换，完成后对树脂层进行正洗，结束正洗后再次运行，保持对运行水质的监督，并持续关注运行终点。第三周期为重复第二周期内容，直至相邻三个周期的交换离子总量与它们的平均值之差的绝对值小于平均值的5%为止。通过交换离子的总量和树脂层的体积计算离子交换树脂的工作交换容量。

26. 如何计算离子交换树脂工作交换容量下降率？

答： 如果有可以比较的工作交换容量数据时，可用树脂样品进行工作交换容量检测来计算树脂工作交换容量下降率。由于离子交换树脂工作交换容量测定工作比较复杂，若待测树脂的原始工作交换容量数据不全，也可以通过测定其理化性能及污染情况，参照经验公式进行计算。例如可以通过强型基团交换容量下降率、含水量、含铁量、有机物含量四个数据计算出工作交换容量下降率，取其中的最大值作为工作交换容量的下降率。

27. 简述离子交换树脂耐热稳定性能及抗氧化稳定性能的含义及测定方法。

答： 离子交换树脂在高温及氧化环境下保持自身稳定性的能力，称为离子交换树脂耐热稳定性能及抗氧化稳定性能。该性能可以通过将一定量的树脂分别置于纯水试验瓶和过氧化氢溶液试验瓶中，在90℃恒温水浴摇床中放置48h，令树脂试样发生热降解和热氧化降解。测定降解处理的试样的强型基团交换容量，并与原树脂样品的强型基团交换容量进行比较，计算树脂样品在两种降解试验条件下的强型基团交换容量下降率，以此作为被测定树脂样品的耐热稳定性能及抗氧化稳定性能的定量评价指标。

28. 离子交换树脂有机溶出物有什么危害？

答： 离子交换树脂有机溶出物对处理后水质有影响，包括溶出物的量及溶出物的性质。阳离子交换树脂的溶出物主要是低分子聚合磺酸盐类，而阴离子交换树脂的溶出物主要为胺类和钠等，这些都可导致热力系统设备管道的金属腐蚀。另外，在凝结水处理混床中，阴、阳树脂还可以相互吸着对方释出的有机溶出物，造成树脂的污染。尤其是阳树脂有机溶出物对阴树脂的污染，因不易复苏而有更大的危害。

29. 离子交换树脂有机溶出物动态测定方法是什么？

答：将经过预处理的离子交换树脂装入动态循环装置中，在恒温、动态循环条件下，使一定量的纯水连续通过树脂层，定期测定循环液的TOC值，以溶出速率来评定树脂溶出物的水平。具体过程是按标准进行取样，将待测树脂样品进行预处理，进行水洗。将水洗后的树脂样品进行酸、碱处理。取2L纯水及压实的100mL经过处理的待测树脂样品，装入动态循环溶出装置中的玻璃交换柱中。开启恒流泵，恒温水浴保持45℃ ±2℃，调节玻璃交换柱出口的阀门开度，使得树脂样品始终处于浸泡状态，控制流量保持15L/h，连续循环168h。在96h及168h时取不出超过10mL循环液进行TOC值测定。两个时间点间TOC值之差与时间的比值即为树脂溶出物平均溶出速率。

30. 离子交换树脂有机溶出物静态测定方法是什么？

答：将一定体积的离子交换树脂在60℃恒温条件下浸泡16h，测定浸泡液的TOC，计算单位体积树脂有机溶出物的含量。具体检测过程是先取样250mL，置于1L瓶中加250mL纯水浸泡24h，然后使用真空泵抽干树脂层中的水分。量取90 ~ 100mL树脂样品转移至干净的带塞磨口锥形瓶中，用真空泵抽干树脂层中的水分。将20mL纯水加入锥形瓶中摇匀后立即用真空泵抽干，重复5次。立即加入100mL纯水，盖上盖子后将锥形瓶放在60℃ ±1℃恒温水浴锅中，水浴锅内水位应超过锥形瓶内水位，静置16h，同时做空白试验。浸泡结束后立即取约25mL上清液进行TOC值测定，需注意取水样时不应取到树脂颗粒。

31. 离子交换树脂的检测项目有哪些？

答：离子交换树脂检测项目分为两大类：验收检测、报废检测。验收检测项目主要包括交换容量、含水量、密度、粒度、强度，其中弱酸弱碱树脂还需检测转型膨胀率，弱酸性树脂还需检测氢型率。报废检测项目包括交换容量、含水量、含铁量、有机物含量、强度。因为钠型阳树脂及氯型阴树脂的化学性质相对稳定，所以运输、保存、检测时常使用钠型阳离子交换树脂及氯型阴离子交换树脂。

32. 如何进行离子交换树脂游离水分判断？

答：离子交换树脂游离水分判断可以从定性和定量两个方面进行。

（1）定性判断。使用透明塑料袋包装树脂，除去外包装后将塑料袋竖放，大约放置10min后，若上层树脂和下层树脂的颜色有区别，则树脂内有游离水分。

（2）定量分析。使用塑料袋装树脂，将塑料袋口扎住，使游离水能流出而树脂不能流出。将扎住口的塑料袋倒放悬空架住约10min，游离水从塑料袋中流出并收集于下部容器中，当游离水滴完后即可称量。

33. 离子交换树脂含水量测定时的注意事项有哪些？

答：进行离子交换树脂含水量测定时，需区分树脂类型。阳离子交换树脂及氯型阴离子交换树脂遵循GB/T 5757—2008《离子交换树脂含水量测定方法》，在确保树脂转型为指定形态后即可进行测定。应注意烘干过程中需保证容器恒重，烘干后需在干燥器中冷却，冷却至室温后需尽快称量。对于氢氧型阴离子交换树脂及游离胺型阴离子交换树脂，测定含水量需遵循 GB/T 5759—2008 将树脂转型为氢氧型或游离胺型，称量后转型为氯型，使用无水乙醇洗去树脂颗粒表面水分后烘干称量。转型为氯型进行测定的原理是氢氧型及游离胺型的离子交换树脂在 105 ~ 110℃下连续干燥会发生化学变化，导致含水量测定结果出现偏差。在含水量测定时，要确保称量树脂的容器已恒重。

34. 简述氢氧型或游离胺型阴离子交换树脂含水量的测定方法。

答：将吸收了平衡水量的氢氧型或游离胺型阴离子交换树脂样品，用离心机除去外部水分后，称取一定量的样品，用盐酸溶液彻底转型为氯型，再用无水乙醇洗去多余的酸，在 105℃下烘干，测定干基质量，减去转型的增量，即求得湿、干样品的质量差，由此可得到氢氧型或游离胺型阴离子交换树脂含水量。

35. 测定离子交换树脂交换容量的方法有哪些？

答：在离子交换树脂交换容量的测定时，通常先将树脂转型为指定形态，然后使用酸（盐酸）、碱（氢氧化钠）、中性盐（硫酸钠或氯化钙）置换离子交换树脂活性基团上的指定离子。通过测定置换溶液中特定离子浓度（如氯离子）或置换溶液中酸碱值的变化（酸碱滴定）检测离子交换树脂活性基团的量，进而反映出离子交换树脂交换容量的大小。

置换的过程分为静态和动态两种。静态法即把待测树脂放在指定温度、指定浓度的溶液中浸泡指定时间，然后对浸泡溶液进行测定。动态法是让指定溶液按一定恒定速度流过树脂层，测定流出液中溶液浓度的方法。体积交换容量是通过计算得到的，通常由质量交换容量、含水量、湿视密度或湿基质量交换容量计算得到。

36. 树脂的交换容量有哪几种?

答: 交换容量指离子交换树脂交换能力的大小,按照其定义不同通常分为体积交换容量、全交换容量、强型基团容量等。体积交换容量指单位体积树脂的交换能力,单位为 mmol/mL。离子交换树脂多在交换塔(柱)中使用,常需要以体积表示树脂的交换能力。全交换容量也称为总交换容量或最大再生容量,表示单位量的树脂中能进行离子交换反应的化学基团总数,单位为 mmol/g。强型基团容量包括强酸基团交换容量及强碱基团交换容量,表示单位量的树脂中能与二价态离子进行交换反应的化学基团总数,单位为 mmol/g。

37. 氢氧型阴离子交换树脂交换容量检测的原理是什么?

答: 当氢氧型阴离子交换树脂与过量的一元强酸(如盐酸)溶液反应时,可根据滴定未反应的酸量计算出阴离子交换树脂的最大再生容量(也称为全交换容量),其反应式为

$$R\begin{cases}N\cdot OH\\ N\cdot H_2O\end{cases}+2HCl= R\begin{cases}N\cdot Cl\\ N\cdot HCl\end{cases}+2H_2O$$

当氢氧型阴离子交换树脂与中性盐硫酸钠反应时,强碱基团(R·OH)发生以下反应

$$2RN\cdot OH+Na_2SO_4=RN_2SO_4+2OH^-+2Na^+$$

根据滴定置换出来的 OH^-,就可计算出阴离子交换树脂的最大强型基团容量(也称为强型基团容量)。

38. 单床用 001×7 强酸性阳离子交换树脂在出现什么运行状况时需做报废检测?

答: 当制水设备在运行中出现下列状态时,应进行报废检测。

(1)设备、再生和运行条件没有明显变化,连续 3 ~ 5 个周期

制水设备的周期制水量较原制水量减少 10%以上。

（2）经过除铁处理后，其制水量仍不能恢复到原制水量的 90%以上。

（3）连续 3 ~ 5 个周期设备阻力持续增加，运行流量下降 30%以上，在通过大反洗操作后，运行流量仍不能恢复到原流量的 80%以上。

39. 火力发电厂用 001×7 强酸性阳离子交换树脂报废的规则是什么?

答：（1）体积交换容量不大于 1.5mmol/mL 或含水量（钠型）不小于 60%，即可判断该树脂应报废。

（2）除铁处理后，树脂（湿树脂）中含铁量仍然不小于 9.5mg/g，即可判断该树脂应报废。

（3）反洗后，从上至下逐层取样分析圆球率（每层取样高度 100 ~ 200mm），若该层树脂的圆球率达到不高于 80%，即报废该层及该层以上各层树脂，直到取样层树脂的圆球率大于 80%为止。

40. 201×7 强碱性阴离子交换树脂在出现什么运行状况时需做报废检测?

答：当制水设备在运行中出现下列状态时，应进行报废检测。

（1）进水水质没有明显变化、设备中树脂量没有明显减少、再生水平及运行工况没有改变的前提下，连续 3 ~ 5 个周期制水时间减少 10% 以上，经过复苏处理后其制水时间仍不能恢复到调试后设定的制水量的 90% 以上。

（2）现场运行中连续 3 ~ 5 个周期最大出力达不到设计要求，或设备运行阻力增加，出水流量达不到调试后设定流量的 70%，通过大反洗后，出水流量仍达不到调试后设定流量的 80% 以上。

41. 如何制备氢氧型阴离子交换树脂测试样品？

答： 取一只洁净的有机玻璃交换柱，向其中加入少量纯水，使液面高出滤板 5cm。用量筒量取 15mL 左右预处理过的强碱性阴离子交换树脂，或 40mL 左右预处理过的弱碱性阴离子交换树脂，置于交换柱中，除去树脂层中气泡，排水至液面高出树脂层 2cm。在分液漏斗中，加入树脂体积 50 倍量的 2mol/L 氢氧化钠溶液（溶液温度 15 ~ 40℃）或加入树脂体积 30 倍量的 2mol/L 氢氧化钠溶液（溶液温度 25 ~ 40℃），以 15 ~ 30mL/min 的流速自上而下通过树脂层（约 60min 流尽）。转型时，要防止出现偏流和液层留空。以同样的流速，通入纯水洗涤树脂，直到在 2 ~ 3mL 流出液中加入 1 滴酚酞指示液不呈红色为止。离心除去树脂试样外部水分，测试样品即制备完成。

42. 湿视密度和湿真密度有何区别？

答： 湿视密度指树脂在水中充分膨胀时的堆积密度，湿视密度＝湿树脂的质量 / 湿树脂的堆积体积。这里湿树脂的质量包括颗粒微观孔隙中溶胀水的质量，一般在 0.6 ~ 0.85g/mL 之间。湿真密度指树脂在水中充分膨胀后树脂颗粒的密度，指单位真体积湿态离子交换树脂的质量，一般在 1.04 ~ 1.3g/mL 之间。

43. 什么是阻垢剂？

答： 阻垢剂指能与水中结垢性物质发生化学反应，使其转变成不易在受热面上黏附结垢的药剂。

44. 什么是负溶解度温度系数的物质？

答： 负溶解度温度系数的物质指溶解度随温度升高而显著降低的物质。

45. 什么是降碱剂?

答：降碱剂指能与炉水中的碱度物质发生化学反应，使其转变成中性盐，以降低炉水碱度，防止汽水共腾和苛性脆化的药剂。

46. 什么是除沫剂?

答：除沫剂指能够消除炉水中泡沫的药剂，防止汽水共腾，减少蒸汽带水，提高蒸汽质量的药剂。

47. 什么是复合型阻垢剂?

答：根据锅炉水质情况，选用不同的药剂按一定的比例配制而成的阻垢药剂称为复合型防垢剂。

48. 什么是挥发性碱?

答：具有挥发性的碱性物质，可均匀分布在水汽循环系统，防止热力系统二氧化碳腐蚀的一类物质称为挥发性碱，例如氨、中和胺等。

49. 什么是成膜胺?

答：成膜胺指能够在金属表面上均匀地形成层憎水性有机保护膜，防止金属受到腐蚀性介质侵蚀的有机胺类。

50. 锅炉水处理剂按用途和功能，可分为哪几类?

答：可分为阻垢剂、降碱剂、碱化剂、缓蚀剂、除氧剂、除沫剂、除油剂等。

51. 常用的挥发性碱的种类和利用方法是什么？

答： 常用的挥发性碱有氨、联氨、吗琳、环已胺、哌啶、其他挥发碱，在采用挥发性碱调节处理时，单一挥发性碱的浓度在水汽循环系统内各部位的分布不均匀。从金属材料腐蚀和防腐的观点来看，最佳的挥发性碱应当具有合适的汽液分配系数和理想的解离常数值与温度的关系，而且在高流速下对金属材料有最小的冲蚀腐蚀性及在高温下应具有较好的热稳定性。目前还没有具备这些特性的单一挥发性碱，因此采用混合挥发性碱进行防腐蚀处理，利用其不同的汽液分配系数，可以使挥发性碱在水汽循环系统内各部位均匀地分布，防腐蚀效果会更好。

52. 石灰石的成分、特性及其在电厂脱硫工艺中的用途是什么？

答： 石灰岩的矿物成分主要为方解石（主要成分是 $CaCO_3$），并伴有白云石、磷镁矿和其他碳酸盐矿物，还混有其他些杂质。

石灰石的特性：石灰岩具有良好的加工性、磨光性和很好的胶结性能，不溶于水，易溶于酸，能与各种强酸发生反应并形成相应的钙盐，同时放出 CO_2。石灰石煅烧至 900℃以上（一般为 1000 ~ 1300℃）时分解转化为石灰（CaO），放出 CO_2。

石灰石（$CaCO_3$）是电厂脱硫工艺中一种重要的吸收剂，石灰石－石膏法脱硫工艺是世界上应用最广泛的一种脱硫技术。在我国，大多数发电厂的湿法脱硫系统均是直接购入石灰石粉作为吸收剂，也有些大型湿法脱硫系统是购买块状石灰石，在厂内建湿磨或干磨车间，磨粉制浆，以供使用。

53. 石灰石－石膏法脱硫的工作原理及技术特点是什么？

答： 石灰石－石膏法脱硫的工作原理是将石灰石粉加水制成浆液作为吸收剂，泵入吸收塔与烟充分接触混合，烟气中的 SO_2 与浆液中的 $CaCO_3$ 及从塔下部鼓入的空气进行氧化反应生成 $CaSO_3$、

$CaSO_4$，达到一定饱和度后，结晶形成二水石膏。经吸收塔排出的石膏浆液经浓缩、脱水，使其含水量小于10%，然后用输送机送至石膏储仓堆放，脱硫后的烟气经过除雾器除去雾滴，再经过换热器加热升温后，由烟囱排入大气。由于吸收塔内吸收剂浆液通过循环泵反复循环与烟气接触，吸收剂利用率很高，钙硫比较低，脱硫效率可大于95%。

石灰石－石膏法脱硫的技术特点是SO_2脱除率高，脱硫效率可达95%以上，能适应大容量机组、高浓度SO_2含量的烟气脱硫，吸收剂石灰石价廉易得，而且可生产出高质量的具有商业利用价值的副产品石膏。随着石灰石－石膏法烟气脱硫系统的不断简化和完善，不仅运行、维修更加方便，而且设备造价也有所降低。综合各方面的情况，石灰石－石膏法烟气脱硫技术最适合大机组脱硫的需要，也是应用最广泛、技术最为成熟的烟气SO_2排放控制技术。

第五章　热力系统腐蚀结垢及化学清洗

1. 什么是积垢？

答：常见的积垢可以分为三类，水垢、腐蚀积垢、生物黏泥。

水垢是工业设备中最常见的积垢类型，因为工业设备大都是以水为介质的。天然水中溶解有各种盐类，如重碳酸盐、碳酸盐、硫酸盐、氯化物、磷酸盐、硅酸盐等，其中以溶解形式存在的重碳酸盐最不稳定，容易分解生成难溶的碳酸盐。

腐蚀积垢是金属暴露于大气中或与介质接触时产生的腐蚀，主要有金属氢氧化物、氧化物、碳酸盐、硫化物等。

生物粘泥是由微生物群体及其排泄物与化学污染物、灰尘等组成的黏附在冷却水系统中换热器、管道、冷却塔、水槽等壁上的胶状沉淀物，也称为软泥、软垢。

2. 热力系统积盐的含义及其与结垢的区别是什么？

答：热力系统积盐指带有各种杂质的过热蒸汽进入锅炉或汽轮机后，由于水质不良或汽水共沸等引起的附着在锅炉或汽轮机表面的盐类物质。

积盐主要是水中的无机盐析出沉淀，一般再次遇水可以重新溶解；结垢主要是水中析出沉淀，一般很难再次溶于水中。

3. 不同压力及不同水质的情况下锅炉水垢的主要化学成分是什么？

答：在低压锅炉中，采用软化水处理或单纯锅内加药处理的，其水垢的主要化学成分大多为碳酸钙、硫酸钙、硅酸钙、氢氧化镁等；回用蒸汽冷凝水的，往往含氧化铁垢。

在中压锅炉中，用一级钠离子交换软化水作为补给水的，其水垢的主要化学成分为碳酸钙、硫酸钙、硅酸钙等；用二级钠离子交换软化水或除盐水作为补给水的，其水垢的化学成分常以复杂的硅酸盐为主，另外常含有氧化铁垢。

在高压锅炉中，用一级除盐水作为补给水的高压锅炉，其水垢的化学成分常以复杂的硅酸盐为主；用“一级除盐＋混床”作为补给水的，其水垢的主要化学成分为 Fe、Cu 的氧化物。

在超高压及以上锅炉中，其水垢的主要化学成分为 Fe、Cu 的氧化物。

4. 锅炉水垢的危害有哪些?

答：（1）浪费燃料。水垢的导热性很差，锅炉受热面结垢后会明显降低热力设备的传热效率，从而使热损失增加，包括向外界辐射的热损失及排烟的热损失。由于锅炉的工作压力不同，水垢的种类及厚度不同，燃料浪费量也就不同。通常，锅炉工作压力越高、水垢热导率越低、水垢越厚，燃料浪费量越大。

（2）引发安全事故。锅炉受热面结垢后热传导性能变差，为保证锅炉出力，必须提高火侧的温度。当锅炉火侧温度过高，超过金属所能承受的允许温度时，就会导致锅炉钢板、炉管过热，并引起蠕变、鼓包、穿孔、破裂、爆管等安全事故，甚至造成锅炉报废。

（3）发生沉积物下的腐蚀。锅炉运行时，炉水从水垢的空隙渗入垢层下面，由于垢层下温度很高，从而使炉水在垢层下剧烈浓缩，各种杂质的浓度变得很高。当给水中含有的氯化钙、氯化镁进入锅炉渗入垢下，会水解成 HCl，造成沉积物下的酸性腐蚀；若水中游离氢氧化钠含量较高，则容易在沉积物下发生碱性腐蚀。腐蚀产物又会转化成垢，因此结垢与腐蚀往往是相互促进的。当腐蚀达到一定深度时，就会因承压能力下降而发生鼓包或爆管。沉积物下的酸性腐蚀和碱性腐蚀还会使金属发生氢脆或碱脆，受到腐蚀部位的金相组织发生变化，严重时甚至管壁尚未变薄就会造成金属裂纹、穿孔、爆管。

（4）降低锅炉出力。当锅炉蒸发面结有水垢时，火侧的热能不能很快传递给炉水，同时结垢也会减少流通截面积，从而导致锅炉出力降低。

（5）增加检修和清洗费用。锅炉结生水垢后，用人工往往难以清除，需要进行化学清洗或物理清洗。水垢引起锅炉的泄漏、裂纹、折损、变形、腐蚀等问题，不仅损害了锅炉，而且还要耗费大量人力、物力、财力去检修，缩短了设备运行周期，也增加了检修费用。

5. 水渣的组分及特征是什么?

答：水渣是一种含有多种化合物的混合物，而且随水质不同差异很大。在以除盐水为补给水的锅炉中，水渣的主要组分是金属的腐蚀产物，如铁的氧化物（Fe_3O_4、Fe_2O_3）、铜的氧化物（CuO、Cu_2O）、碱式磷酸钙 [$Ca_{10}(OH)_2(PO_4)_6$]、蛇纹石（$MgO_2 \cdot SiO_2 \cdot H_2O$）；以软化水为补给水的炉水中，水渣的主要组分为钙铁盐类 [$CaCO_3$、$Mg(OH)_2$、$Mg_3(PO_4)_2$、$Ca_{10}(OH)_2 \cdot (PO_4)_6$] 等，有时水渣中还含有些随给水带入的悬浮物。

由于各种水渣的化学组分不同，有的水渣不易黏附于锅炉金属的受热面上，在锅炉水中呈悬浮状态，这种水渣可借锅炉排排出炉外，如碱式磷酸钙和蛇纹石等；有的水渣则易黏附于受热面上，经高温焙烧，可形成软垢，如氢氧化镁和磷酸镁等。

6. 汽水共腾有哪些危害?

答：发生汽水共腾时，蒸汽直接带走蒸发面上的大量泡沫和炉水水滴，造成蒸汽含盐量急剧增加。被带出的盐分不但会在用汽设备中发生沉积，影响传热，损坏设备，而且对于用蒸汽直接加热的生产工艺，发生汽水共腾后会使被加热产品的质量受到严重影响。此外，从锅炉本身的运行来说，汽水共腾会使锅炉水位计内的水位剧烈波动，甚至看不清水位或造成假水位；蒸汽大量带水还容易造成锅炉缺水事故，蒸汽管内产生严重水击现象，影响锅炉的安全运行。

7. 各类水垢一般在哪些部位形成？

答：（1）钙镁水垢，常见于锅炉省煤器、加热器、给水管道即凝汽器冷却水通道等部位；热负荷较高的受热面，如锅炉炉管或蒸发器。

（2）硅酸盐水垢，常见于热负荷很高或水循环不良的炉管内壁。

（3）氧化铁垢，常见于热负荷很高的炉管管壁。

（4）铜垢，常见于热负荷很高的炉管管段中或者炉水局部深度蒸发的部位。

8. 各类水垢的成分及特征是什么？

答：（1）钙镁水垢。钙、镁盐含量很大，可达90%以上，可分为碳酸钙镁垢、硫酸钙镁垢等。

（2）硅酸盐水垢。绝大部分是铝、铁的硅酸盐化合物，含40%～50%二氧化硅，25%～30%铝、铁的氧化物，10%～20%钠的氧化物，钙镁化合物含量不超过10%。

（3）氧化铁垢。含70%～90%铁的氧化物，表面为咖啡色，内层是黑色或灰色，下部与金属结合处常有白色盐类沉积物。

（4）铜垢。含铜量在20%或者更多，其特点是牢固地贴附在金属表面，且垢中每层的含铜量各不相同。

9. 怎样采集具有代表性的垢和腐蚀产物试样？

答：一般在热力设备检修或停机时，以人工刮取或割管后刮取的方法获得垢和腐蚀产物试样。为了获得有代表性的试样，采集时应遵守如下规定：

（1）在确定取样部位的基础上，若热负荷相同，则可在对称部位取样，或多点采集等量的单个试样，混合成平均样。

（2）在条件允许的情况下，采集试样的质量应大于 4g，对于呈片状、块状等不均匀的试样，应采集更多的试样，一般所取试样的质量应大于 10g。

（3）采集不同热力设备中的试样时，应使用不同的采样工具。

（4）割管采样时，若试样不易刮取，可采用挤压采样法。

（5）刮取的试样应装入专用的广口瓶中存放，贴上标签，并在标签上注明设备名称、设备编号、取样部位和取样日期。

10. 垢量检测有哪些注意事项？

答：（1）所截取的管段按照 DL/T 1115—2019《火力发电厂机组大修化学检查导则》要求进行加工处理后，应当放在干燥器中干燥 24h 以上进行称量。

（2）截取后的管段在检测前要修去毛刺（注意不要使管内垢层损坏），按背火侧、向火侧剖成两半。

（3）酸洗法适用于水冷壁管、省煤器管和低温过热器管，以及凝汽器管内壁等容易清洗的管样的垢量测量。轧管法适用于屏式过热器、末级过热器和末级再热器等炉管内壁高温氧化皮的垢量测量。

（4）酸洗法进行垢量检测时，第一次清洗和第二次清洗的拌强度和浸泡时间应当相同。

11. 钙镁水垢形成的原因是什么？

答：（1）随着温度的升高，某些钙、镁化合物在水中的溶解度下降。

（2）在水不断受热蒸发时，水中盐类逐渐浓缩。

（3）在水加热的过程中，水中某些钙、镁盐类因发生化学反应，生成溶解度较小的物质析出。

12. 铜垢形成的原因是什么？

答：铜垢的产生是一种电化学析出铜的过程。在热力系统铜合金部件遭到腐蚀后，产物进入锅内沸腾的碱性锅炉水中，铜以络离子的形式存在。在高负荷的部位，一方面，铜的络离子被破坏，使得锅炉水中铜离子含量升高；另一方面，由于高热负荷的作用，其金属氧化保护膜被破坏，与其他金属表面产生电位差，并随着局部热负荷的增大而增大，其结果是铜离子在带复电量多、局部热负荷高的地方获得电子而析出铜，而其他区域铁释放电子。

13. 防止产生钙镁水垢和铜垢的方法有哪些？

答：防止产生钙镁水垢的基本方法有：

（1）制备高质量的补给水，清除原水中的硬度。

（2）保证汽轮机凝结水的水质。

（3）采用磷酸盐水质调节处理，使得炉水中的钙镁离子形成黏附性差的水渣，在锅炉排污的过程中除掉。

防止产生铜垢的基本方法有：

（1）避免炉管局部热负荷过高。

（2）减少给水的含铜量，防止系统中铜制件的腐蚀。

14. 氧化铁垢形成的原因是什么?

答：（1）锅炉水中铁化合物沉积在管壁上，形成氧化铁垢。在锅炉水冷壁管热负荷很高的局部区域，锅炉水在近壁层急剧汽化而高度浓缩，水中的氧化铁和金属表面之间，在静电吸引力或范德华力的作用下，逐渐沉积在水冷壁管形成氧化铁垢。

（2）锅炉管的金属腐蚀产物转化成为氧化铁垢。在锅炉运行时，炉管如发生碱性腐蚀或汽水腐蚀，其产物附着在管壁上；或在锅炉安装或停用时，如发生保护不当，在炉管内因大气腐蚀生成氧化铁等腐蚀产物。

15. 防止产生氧化铁垢的方法有哪些?

答：防止产生氧化铁垢的基本方法是减少锅炉水中的含铁量。为减少给水含铁量，除应防止给水系统发生运行腐蚀和停用腐蚀外，还必须减少给水（补给水、汽轮机主凝结水、疏水和生成返回凝结水）的含铁量，为此一般采取下列措施：

（1）锅炉运行采用合理水工况。

（2）在给水系统或凝结水系统中装电磁过滤器或其他除铁过滤器。

（3）补给水设备和管道、疏水箱、除氧器疏水箱等内壁涂漆防腐。

（4）减少疏水箱中疏水或生产返回水箱中水的含铁量。

16. 机组大修时应检查哪些部位?

答：机组大修时应检查汽包、水冷壁、水冷壁下联箱、除氧器、过热器、再热器、省煤器、高压加热器、低压加热器、汽轮机、凝汽器及铜管。

17. 评价水化学工况的优劣应从哪些方面进行？

答：（1）从水质指标的化学监测数据方面评价。

（2）从锅炉水冷壁内表面的沉积物量来评价。

（3）从汽轮机通流部分沉积物量来评价。

（4）从水汽系统中不同部分金属材料的腐蚀速度和机械磨损速度评价。

18. 化学监督的作用是什么？

答：化学监督是通过化学手段掌握发电过程中的水、煤、油、汽、气的相关指标，其作用如下：

（1）指导、优化运行。对不同运行方式的化学监督数据进行比对分析，可以取得更安全、更经济的运行方式，如入炉煤煤质数据是锅炉运行工况调整的依据之一。

（2）保护设备。通过化学监督，发现运行工质指标的变化，对异常设备及时采取必要的保护措施。

（3）指导检修。通过化学监督，发现运行设备的故障点，有针对性地开展检修。化学监督数据是开展状态检修的参考依据之一，可避免检修的盲目性。

（4）维护企业经济利益。通过对煤、油、化学大宗药品等进厂物资的监督，防止不合格产品进厂，或作为经济索赔的依据。

19. 腐蚀、电化学腐蚀、化学腐蚀的定义分别是什么？

答：腐蚀广义上指材料在环境中发生反应，而引起材料的破坏或变质。对于金属材料来说，腐蚀指金属表面与周围介质发生化学或电化学作用，而遭到破坏的现象。

电化学腐蚀指金属表面与介质发生至少一种电极反应的电化学作用而产生的破坏。在电化学腐蚀过程中有微电流产生，金属在潮湿环境或者在水中，易发生这类腐蚀。

化学腐蚀指金属表面与介质间因发生纯化学作用而产生的破坏。在化学腐蚀过程中没有电流产生，而是金属表面与其周围的介质直接进行化学反应，使金属遭到破坏。

20. 金属腐蚀的表现形式有哪些?

答：金属腐蚀形式包括表面腐蚀和材质内部的变化。金属表面腐蚀常表现为均匀腐蚀、溃疡腐蚀、斑点腐蚀、点蚀等，一般表面有腐蚀产物或金属材料变薄等。腐蚀产生的内部变化主要指金属的机械性能、组织结构发生变化，如金属变脆、强度降低、金属中某种元素的含量发生变化或金属组织结构发生变化。

21. 锅炉腐蚀有哪些危害?

答：锅炉的金属腐蚀会使金属构件变薄、凹陷，甚至穿孔，更为严重的是腐蚀会使金属内部结构遭到破坏，金属强度显著降低。锅炉金属的腐蚀不仅会缩短设备本身的使用寿命，造成经济损失，同时还由于金属腐蚀产物转入水中，使水中杂质增多，从而加剧在高热负荷受热面上的结垢过程，结成的垢又会促进锅炉的垢下腐蚀。这样的恶性循环会迅速导致爆管等恶性事故。

22. 锅炉水质指标中哪几项对锅炉腐蚀有直接影响?

答：（1）pH 值。pH 值过高或过低都会破坏金属保护膜，加速腐蚀。

（2）碱度。碱度过高易引起碱性腐蚀。

（3）相对碱度。相对碱度保持在 0.2 以下可防止苛性脆化。

（4）溶解氧。溶解氧会引起氧腐蚀。

（5）亚硫酸根。亚硫酸根可除氧，防止氧腐蚀。

（6）氯离子。氯离子会破坏金属保护膜，加速腐蚀。

23. 防止锅炉腐蚀主要应做好哪几项工作？

答：（1）做好锅炉水质处理（包括除氧），合理排污、适量加药，使给水和炉水各项指标达到国家标准。

（2）做好锅炉清洗和钝化工作，使金属表面形成良好的钝化保护膜。

（3）做好停炉保养工作。

（4）及时清理水垢和水渣，防止垢下或沉积物下的腐蚀。

24. 保护膜的含义及起保护作用的条件是什么？

答：保护膜指具有抑制腐蚀作用的膜，能将金属与周围介质隔离开来，使腐蚀速度降低，有时甚至可以保护金属不被进一步腐蚀。通常是一定条件下在金属表面由于氧化剂或钝化剂的作用，生成腐蚀产物或难溶盐薄膜，但保护膜必须具备下列条件才能对金属起到保护作用。

（1）必须是均匀致密的，即没有微孔，腐蚀介质不能透过。

（2）能将整个金属表面全部、完整地遮盖住。

（3）不易从金属上脱落，即与金属的热膨胀系数相近。

25. 炉水的 pH 值对金属表面保护膜有什么影响？

答：在正常运行条件下，锅炉的金属表面上常覆盖着一层致密的 Fe_3O_4 膜，具有良好的保护性能。如果 Fe_3O_4 膜被破坏，金属表面就会暴露在高温炉水中，极容易受到腐蚀。在一般运行条件下，炉水 pH 值保持在 9 ~ 12 之间，锅炉金属表面的保护膜是稳定的，可以防止腐蚀的发生；当炉水 pH 值低于 8 或大于 13 时，保护膜都会因溶解而遭到破坏。

26. 什么是锅炉的停用腐蚀?

答: 锅炉等热力设备停运期间，如果不采取有效的保护措施，水汽侧的金属表面会发生强烈腐蚀，这种腐蚀称为停用腐蚀，其本质属于氧腐蚀。

27. 停用腐蚀产生的原因是什么?

答: 当锅炉停用以后，外界空气必然会大量进入锅炉水汽系统。此时，锅炉虽已放水，但在炉管金属的内表面上往往因受潮而附着一薄层水膜，空气中的氧很易溶解在此水膜中，使水膜中饱含溶解氧，极易引起金属的氧腐蚀。若停炉后未排放锅内的水或有的部位无法将水放尽，使一些金属表面仍被水浸润着，则同样会因空气中大量的氧溶解在这些水中，而使金属遭到溶解氧腐蚀。因此，停用腐蚀产生的主要原因是水汽系统内部有氧气及金属表面潮湿形成水膜。

28. 锅炉停用腐蚀的危害表现在哪些方面?

答: 锅炉停用腐蚀的危害很大，其主要表现为:

（1）在短期内使停用设备遭到大面积腐蚀，严重时甚至腐蚀穿孔。

（2）锅炉停用时因金属的温度低，其腐蚀产物大都是疏松状态的 Fe_2O_3，它们附在壁上的能力不大，很容易被水冲走。因此当停用机组启动时，大量的腐蚀产物就会转入炉水中，使炉水中的含铁量增大，加剧锅炉炉管中沉积物的形成。

（3）锅炉停用腐蚀使金属表面上产生的腐蚀产物及腐蚀造成金属表面的粗糙状态，会成为锅炉运行后形成腐蚀电池的促进因素，加快电化学腐蚀。

29. 为什么要对锅炉进行停用保护？

答：停用腐蚀是锅炉金属损坏的最主要形式之一。在很多情况下，锅炉停用时遭受的腐蚀程度往往大大超过运行时的腐蚀。锅炉在安装调试、停炉检修、计划性或季节性停用（备用）及其他临时停用等都有可能产生停用腐蚀。

锅炉停用时，尤其是采暖锅炉在冬季过后漫长的停炉期间，空气中的氧及水汽凝结产生的水膜使锅炉金属表面极易产生停用腐蚀。尤其是在湿热地区，停用腐蚀较其他季节和地域更为严重。在沿海地区由于海雾的影响，设备表面常有含盐分较高的液膜，使腐蚀程度加重。因此，为了避免停用腐蚀，锅炉停用时必须采取有效措施进行保护。

30. 停炉保护的基本原则及措施是什么？

答：停炉腐蚀主要是氧腐蚀，而氧腐蚀的条件是有氧存在，且金属表面潮湿，存在水分。因此，停炉保护的基本原则是：避免金属表面存在氧腐蚀和水分的这两个条件。所采取的保护措施主要为：

（1）保持停用设备内部金属表面干燥，维持其相对湿度小于20%。

（2）不让外界空气进入停用锅炉的水汽系统，避免氧浓度增加。

（3）使金属表面处于含有除氧剂或其他缓蚀剂的介质中，在金属表面形成具有防腐蚀作用的钝化膜。

31. 什么是氨－联胺法停炉保护法？

答：锅炉停运后，把锅内存水放尽，充入加了联胺并用氨调节pH值的给水。保持水中联胺过剩量在200mg/L以上，水的pH值为10～10.5。用氨－联胺法保护锅炉，可使锅炉停用期限可达三个月以上，因此该方法适用于长期停用、冷态备用或封存的锅炉保护，也适用于三个月以内的停用保护。在保护期，应定期检查联胺浓度与 pH 值。

因为氨－联胺保护时温度为常温条件，所以联胺的主要作用不是直接与氧反应而除去氧，而是起阳极缓蚀剂或牺牲阳极的作用，因而联胺的用量必须足够。

32. 什么是极化与去极化?

答：腐蚀电池中有电流通过时，阴极和阳极的电位偏离了起始电位，使电位差减小，从而降低电流强度的现象，称为极化。使原来电位较高的阴极电位降低的，称为阴极极化。使原来电位较低的阳极电位提高的，称为阳极极化。使极化作用减小或消除的现象，称为去极化。

33. 极化与去极化的作用是什么?

答：极化作用可使金属的腐蚀过程变慢，有时甚至促使腐蚀过程停止。而去极化作用则是破坏极化作用，使腐蚀电池的电位差增大，因而会加速金属的腐蚀。

34. 防止锅炉产生电化学腐蚀的措施有哪些?

答：金属的电化学腐蚀是由于金属与周围介质接触形成腐蚀电池引起的。防止电化学腐蚀的主要措施是设法消除产生腐蚀电池的各种条件或者消除去极化剂。对于锅炉来说，除了设备制造时应尽量选择合适的材料，提高金属材料的耐蚀性，避免或消除金属内应力，主要还在于改善水质（如采取除氧、调节水中的 pH 值、降低炉水含盐量等）、防止锅炉结垢、使金属表面形成良好保护膜，以及做好停炉保养工作等。

另外，还可采取特殊的保护方法，如电化学保护技术中的阴极保护方法可用于防止或减缓凝汽器铜管的腐蚀。

35. 什么是锅炉的碱脆?

答：碱脆指碳钢在 NaOH 水溶液局部浓缩侵蚀下产生的应力腐蚀破裂，是浓碱和拉应力联合作用产生的。受腐蚀的碳钢产生裂纹，本身不变形，但发生脆性断裂，因此碳钢的这种应力腐蚀破裂称为碱脆，又称为苛性脆化。

36. 锅炉碱脆的特点及产生条件是什么?

答：锅炉碱脆的特点是既具有应力腐蚀破裂的一般特点，又有以下自身的特点：①碱脆经常出现在铆接锅炉的铆接处和胀管锅炉的胀接处；②在破裂的部位，钢板不发生塑性变形，因此碱脆与过热出现的塑性变形有区别。

锅炉碱脆产生的条件是：

（1）炉水中含有游离 NaOH 并产生局部浓缩。

（2）金属受拉应力的作用（接近屈服点）。

（3）锅炉炉管是铆接或胀接的，且这些部位有不严密的地方。

上述三个条件如缺少其中一个就不会产生碱脆。

37. 锅炉氢脆的含义及产生条件是什么?

答：氢脆是氢扩散到金属内部使金属产生脆性断裂的现象。锅炉运行时，炉水 pH 值过低、垢下产生酸性腐蚀或锅炉酸洗不当，都有产生氢脆的危险。锅炉若发生氢脆往往会在毫无察觉的情况下，对设备造成严重损坏，有时甚至引发灾难性事故。

38. 锅炉腐蚀疲劳的含义及其与机械疲劳的区别是什么?

答：金属在腐蚀介质和交变应力（方向变换的应力或周期应

力）同时作用下产生的破坏称为腐蚀疲劳。没有腐蚀介质作用，单纯由于交变应力作用使金属发生的破坏称为机械疲劳。

39. 锅炉腐蚀疲劳产生的原因主要有哪些?

答：锅炉腐蚀疲劳产生的原因主要有：管板连接不合理，如直角连接，使蒸汽中的冷凝水和热的金属周期性接触，导致交变应力的产生；安装不合理，使冷凝水集中于底部而不能排出，造成腐蚀疲劳的条件。另外，锅炉启停频繁，启动或停用时炉水中的含氧量增高，造成金属表面点蚀，而这些点蚀坑在交变应力的作用下会成为疲劳源，使锅炉产生腐蚀疲劳。

40. 氧腐蚀的机理是什么?

答：铁受水中溶解氧的腐蚀是一种电化学腐蚀。铁和氧形成两个电极，组成腐蚀电池，铁的电极电位总是比氧的电极电位低，因此在铁氧腐蚀电池中，铁是阳极，遭到腐蚀；氧作为去极化剂发生还原反应，因此称为氧的去极化腐蚀，称为氧腐蚀。

41. 氧腐蚀的特征是什么?

答：当钢铁受到水中溶解氧腐蚀时，常常在其表面形成许多小型鼓包，其直径 1 ~ 30mm 不等，这种腐蚀称为溃疡腐蚀。腐蚀产物由不同化合物组成，因此鼓包表面的颜色有黄褐色、砖红色等，次层是黑色粉末状物，这些都是腐蚀产物。当将这些腐蚀产物清除后，便会出现因腐蚀而造成的陷坑。

42. 游离 CO_2 腐蚀的机理是什么?

答：从腐蚀电池的观点来说，CO_2 腐蚀就是水中含有酸性物质而引起的氢去极化腐蚀。此时溶液中发生

$$CO_2 + H_2O \leftrightarrow H^+ + HCO_3^-$$

阴极 $2H^+ + 2e \rightarrow 2H \rightarrow H_2$

阳极 $Fe^- \rightarrow Fe^{2+} + 2e$

CO_2 溶于水虽然只显弱酸性，但当它溶在很纯的水中时，还是会显著地降低其 pH 值。

43. 游离 CO_2 腐蚀的特征是什么?

答：钢材受游离 CO_2 腐蚀产生的腐蚀产物都是易溶的，在金属表面不易形成保护膜，因此其腐蚀特征是金属均匀变薄。

44. 什么是沉积物下的腐蚀?

答：当锅炉表面附着水垢或水渣时，在其下面所发生的腐蚀，称为沉积物下的腐蚀。由于炉水中的游离 NaOH 渗入沉积物下，经高温浓缩成很高浓度的 OH^-，使 pH 值增加而产生的腐蚀，称为沉积物下的碱性腐蚀。如果炉水中含有 $MgCl_2$ 和 $CaCl_2$ 杂质，在沉积物下将发生水解反应，生成 HCl，并在沉积物下经高温浓缩可积累很高的 H^+ 浓度，从而导致氢离子对金属的去极化腐蚀反应，称为沉积物下的酸性腐蚀。

45. 如何防止沉积物下的腐蚀?

答：锅炉防止沉积物下腐蚀的措施主要有以下几方面：

（1）新安装锅炉在投运前应进行化学清洗，使金属表面清洁。

（2）运行锅炉应定期进行水冷壁割管检查，当沉积物量超过允许值时，应及时清洗除去。

（3）减少给水中的杂质含量，提高给水品质，防止锅炉结垢。

（4）减缓热力系统腐蚀，防止金属腐蚀产物沉积。

（5）做好停炉保护工作，防止或减缓锅炉停（备）用期间金属腐蚀，避免金属腐蚀产物的沉积。

（6）选择合理的锅内水处理方式，调节炉水水质，消除或减少锅炉结垢和炉水的侵蚀性杂质。

46. 什么是水蒸气腐蚀?

答：当过热蒸汽温度高达450℃时（此时过热蒸汽管壁温度约500℃），蒸汽就会与碳钢发生反应，在450 ~ 570℃之间，它们的反应生成物为Fe_3O_4，反应式为

$$3Fe + 4H_2O \rightarrow Fe_3O_4 + 4H_2$$

当温度达到570℃以上时，反应生成物为Fe_2O_3，反应式为

$$Fe + H_2O \rightarrow FeO + H_2$$

$$2FeO + H_2O \rightarrow Fe_2O_3 + H_2$$

由于这两种化学反应所引起的腐蚀是在高温蒸汽中发生的，因此称为水蒸气腐蚀，都属于化学腐蚀。

47. 防止水蒸气腐蚀的方法有哪些?

答：发生水蒸气腐蚀的部位往往是汽水停滞的部位或者过热器中，因此防止的办法是消除锅炉中倾斜度较小的管段；过热器应采用特种钢材制造，因其高温的力学性能和耐蚀性能优良。

48. 简述各种物质在过热器中的沉积规律。

答：（1）氯化钠和氯化钾。对中低压锅炉，氯化钠、氯化钾固体常在过热器中沉积；对高压和超高压锅炉，氯化钠和氯化钾不会沉积在过热器中；

（2）氢氧化钠，会被带入汽轮机，不会沉积在过热器中。

（3）硅酸钠和硫酸钠，一部分沉积在过热器中，一部分沉积在汽轮机中。

（4）硅酸，在过热蒸汽中，不会沉积在过热器中。

49. 如何清洗汽包锅炉过热器的沉积物？

答：对于过热器的沉积物，可采用水洗清洗其钠盐。清洗用水一般用水位在70%～80%的凝结水，也可用除盐水和给水（含盐量不超过100～150mg/L）冲洗。

50. 汽轮机内形成沉积物的原因是什么？

答：从过热器出来的过热蒸汽进入汽轮机后，由于膨胀做功，其压力和温度都在不断降低，各种化合物的溶解度随着压力的降低而减小，当溶解度减小到低于在蒸汽中的携带量时，会在汽轮机的蒸汽流通部分以固态的形式沉积下来，成为汽轮机积盐。另外，蒸汽中的一些固体颗粒或一些微小的NaOH浓缩液滴，也可能黏附在汽轮机的流通部分，形成沉积物。

51. 各种物质在汽轮机中的沉积规律是什么？

答：从锅炉出来的蒸汽中携带的杂质会在汽轮机的通流部位形成沉积物。

（1）除第一级和最后几级沉积物量极少外，低压级沉积物总量比高压级多。

（2）沉积物在各级隔板和叶轮上分布不均匀。

（3）供热机组和经常启停的汽轮机内沉积物量较少。

（4）高压级和低压级的沉积物类别不同，如汽轮机高压级沉积物为硫酸钠、磷酸钠和硅酸钠；中压级和低压级沉积物为氯化钠和氢氧化钠；低中压级沉积物主要为二氧化硅（石英）；高蒸汽压力的沉积物中铁的氧化物比低蒸汽压力的多些。

52. 如何清洗汽轮机内的沉积物？

答：对于汽轮机内的易溶沉积物，可采用湿蒸汽清除；对于汽轮机内的不溶沉积物，可采用机械方法清除。

53. 什么是化学清洗？

答：化学清洗指对锅炉系统中的污垢，通过化学药剂，在化学反应与物理作用下进行清洗的过程，包括酸洗和碱洗。

54. 在什么情况下锅炉应进行化学清洗？

答：新建锅炉运行前必须进行化学清洗，工业锅炉通常采用碱煮清洗。运行锅炉符合下列条件之一时，应进行化学清洗，清洗范围一般为锅炉本体。

（1）锅炉受热面被水垢覆盖80%以上，并且水垢平均厚度达到1mm以上。

（2）锅炉受热面有严重的锈蚀。

55. 锅炉进行化学清洗的原因是什么？

答：锅炉给水水质不良，易造成受热面上结垢和腐蚀，从而影响锅炉的安全、经济运行，降低锅炉的使用寿命。新建锅炉在制造过程中会形成的氧化皮、焊渣等，在储运安装过程中会生成腐蚀产物，锅炉出厂时涂覆有防护剂（如油类物质等），以及各种附着物、杂质等，因此也需要进行清除和清洗。同时通过清洗钝化，可在金属表面形成保护膜。综上所述，新建锅炉与运行中有结垢的锅炉都需要在适当时候进行化学清洗，不然锅炉投运后会产生下列危害：

（1）直接妨碍炉管管壁的传热或者导致水垢的生成，而使炉管过热或损坏。

（2）促进锅炉运行中产生沉积物下腐蚀，致使炉管变薄、穿孔引起爆管。

（3）在炉内水中形成碎片和水渣，严重时引起炉管堵塞或破坏正常的水、汽循环工况。

（4）使锅炉炉水的含硅量等水质指标长期达不到标准，以致蒸汽品质不良，危害汽轮机正常运行。

56. 锅炉化学清洗剂有哪些种类？

答：（1）盐酸。其能去除并溶解铁的氧化物和钙镁水垢。

（2）氢氟酸。低浓度的氢氟酸能络合铁离子形成络合物。

（3）柠檬酸。其能络合铁离子形成络合物。

（4）EDTA。EDTA 及其钠盐、铵盐也被用作清洗剂，利用其络合作用来溶解金属表面的沉积物。

（5）氨基磺酸。其可与金属的氧化物、碳酸盐等反应，生成溶解度较大的氨基磺酸铁等化合物，但价格较贵。

57. 锅炉化学清洗的一般步骤和作用是什么？

答：（1）水冲洗。可冲去锅内杂质，如泥渣、焊渣、沉积物。

（2）碱洗或碱煮。对新安装锅炉，可除去油脂和部分硅酸化合物；对运行锅炉，可将酸难溶垢进行碱煮转型。本步骤应根据具体需要进行。

（3）酸洗。可彻底清除锅炉的结垢和沉积物。

（4）漂洗。可除去酸洗过程中的铁锈和残留的铁离子。

（5）钝化。即用化学药剂处理酸洗后活化了的金属表面，使其产生保护膜，防止锅炉发生再腐蚀。

58. 锅炉酸洗通常采用的方式及原因是什么？

答：锅炉酸洗通常应采用循环清洗或循环与静态浸泡相结合的方式来进行。因为循环能使被清洗的设备各部位都能处在温度和浓度均匀的清洗介质中，不会因温差和浓度差造成腐蚀及影响除垢效果。同时，清洗介质的流动可以起到搅拌作用，有利于介质的分子处于活跃状态，使酸液清洗作用得以充分发挥，缩短清洗时间，提高清洗效果；也易于准确取样分析，判断清洗的速度及终点。

59. 什么是碱洗？

答： 碱洗通常指通过碱性药剂除去锅内的油垢、垢层表面的油污及一些有机沉积物的脱脂处理的清洗，一般是将碱洗液加热至90℃以上，进行循环清洗。有时酸洗前进行碱洗可改善被清洗表面的润湿性，提高清洗效果。

60. 什么是碱煮？

答： 碱煮包括两个方面的内容：一方面是新建炉的清洗；另一方面是运行锅炉对酸难溶水垢进行垢的转型。碱煮时一般采用碳酸钠、磷酸三钠等碱性药剂和其他助剂，点火升压后进行。

新建锅炉通过碱煮可洗去氧化铁皮、油污等杂质，并可在金属表面形成钝化保护膜。运行锅炉的碱煮一般在其工作压力的50%～70%条件下进行，使硫酸盐、硅酸盐水垢转化为在酸中可以溶解的碳酸盐或磷酸盐水垢，这一过程也称为碱煮转型。

61. 盐酸清洗的除垢机理是什么？

答：（1）溶解作用。盐酸容易与碳酸盐水垢发生化学反应，生成易溶的氯化物，使这类水垢溶解。

（2）剥离作用。盐酸能溶解金属表面的氧化物，破坏金属与水垢之间的结合，就容易使附着在金属表面的水垢剥离而脱落下来。

（3）气掀作用。盐酸与碳酸盐水垢作用产生大量的二氧化碳，在气体逸出过程中，对难溶解或溶解速度较慢的垢层具有一定的掀动力，使之从管壁上脱落下来。

（4）疏松作用。对于含有硅酸盐的混合水垢，虽然它们不能与盐酸反应而溶解，但当掺杂在水垢中的碳酸盐和铁的氧化物溶解在盐酸溶液中后，残留的水垢就会变得疏松，在流动酸洗情况下，它们易被冲刷下来。

62. 盐酸作为清洗剂有哪些特点?

答: 盐酸是一种较好的清洗剂，其优点主要是清洗能力很强，添加适当的缓蚀剂，就可使它对锅炉金属的腐蚀控制到很小的程度；价格较便宜，容易解决货源；运输简便；清洗操作容易掌握。

盐酸的局限性表现在不能用来清洗奥氏体钢部件的设备，因为氯离子能促使奥氏体钢发生应力腐蚀。此外，对于以硅酸盐为主要成分的水垢，用盐酸清洗的效果也较差，在清洗过程中，往往需要补加氟化物等药剂。同时，盐酸还是蒸汽压较高的挥发性酸类，在高温酸洗时不易控制。当温度超过 60℃时，即大量挥发造成难以抑制的气蚀，因此用盐酸来清洗设备时，温度不宜超过 60℃。

63. 氢氟酸作为清洗剂有哪些特点?

答: 氢氟酸溶解铁的氧化物的速度很快，溶解以硅化合物为主要成分的水垢的能力也较强，即使在较低的浓度（如 1%）和较低的温度（如 30℃以下）情况下也有较好的溶解能力，是一种很好的清洗剂。用氢氟酸开路清洗时，清洗液与金属表面的接触时间很短，因此对金属的腐蚀很轻。氢氟酸可用于清洗由奥氏体钢等多种钢材制作的锅炉部件。

氢氟酸主要缺点是对人体，特别是对骨质的危害较大，操作时要采取严格的防护措施，并需严格做好排废处理，防止环境污染。另外，氢氟酸清洗的成本较高。

64. 柠檬酸作为清洗剂有哪些特点?

答: 柠檬酸是目前化学清洗中应用较广泛的有机酸。通常用柠檬酸作清洗剂时，需在清洗液中加氨，调节清洗液 pH 值至 3.5 ~ 4，这样清洗液的主要成分是柠檬酸单铵，可与铁离子生成易溶的络合物，对氧化铁垢有较好的清洗效果。

柠檬酸作为清洗剂的缺点是清除水垢附着物的能力比盐酸小，虽然对清除氧化铁垢和铁锈效果较好，但对清除铜垢、钙镁水垢和硅酸盐水垢等效果差。另外，清洗时要求温度较高和流速较大，而且价格昂贵，清洗成本较高。因此通常在不宜使用盐酸的情况下，才使用柠檬酸或其他有机酸。

65. 锅炉清洗时常用添加剂的种类和作用是什么？

答：锅炉清洗时常用的添加剂按其作用的不同，可分为以下几类。

（1）还原剂。可还原氧化性离子（如 Fe^{3+}），防止其对钢铁的腐蚀。

（2）掩蔽剂。清洗电站锅炉时，当清洗液中 Cu^{2+} 含量较高时，为了防止金属表面镀铜，需加入硫脲等掩蔽剂。

（3）促进沉积物溶解的添加剂。硅酸盐水垢、铜垢在酸洗中不易溶，氧化铁在盐酸溶液中溶解速度也较慢，这时加入氟化物等添加剂有助于显著提高清洗效果。

（4）表面活性剂。在清洗时，加入少量这类物质可显著降低水的表面张力，增强去污能力，改善清洗效果。

66. 什么是酸洗缓蚀剂和缓蚀效率？

答：在酸洗液中添加少量的药剂，就能减缓酸液对金属的腐蚀，这种药剂称为酸洗缓蚀剂。缓蚀剂的缓蚀效率指在相同条件下，金属在不加缓蚀剂和加有缓蚀剂的酸洗液中腐蚀速度差的相对值。一般来说，缓蚀效率越高，金属的腐蚀速度就越低。

67. 锅炉酸洗缓蚀剂的技术要求主要有哪些？

答：选用合适、安全、有效的缓蚀剂是锅炉化学清洗的技术关键。通常对缓蚀剂的主要技术要求如下：

（1）缓蚀效率高。在锅炉酸洗过程中，首先要选用缓蚀效率高的缓蚀剂，以保证在一定的酸洗温度下，具有较低的腐蚀速度。一般酸洗缓蚀剂的缓蚀效率应达到98%以上。

（2）抑制氢脆能力好。缓蚀剂的另一个重要性能指标是抑制金属由于渗氢所引起的机械性能衰退的能力要好。

（3）稳定性能优良。首先，在特定的使用温度下，缓蚀剂不应发生分解、沉淀、变质等现象，在储存和运输中也不应有类似的现象发生；其次是缓蚀效率不随存放时间而有明显的变化。

（4）有抗氧化性离子的能力。有抑制氧化性离子（如 Fe^{3+}、Cu^{2+} 等）对金属的腐蚀作用。在锅炉酸洗除垢中，最主要的是有抑制 Fe^{3+} 腐蚀的能力。

（5）能够抑制酸雾，有利于满足环保的要求。

（6）安全性能好。即缓蚀剂本身的毒性小，不易燃易爆，无色，以免给排放带来困难。

（7）使用性能好。如水溶性好，无恶臭，成本较低，而且投用量要少。

68. 锅炉酸洗时酸洗液的浓度对清洗有何影响?

答：一般来说，在一定范围内提高酸洗液浓度有利于垢的溶解，但浓度过高，不仅不能明显提高除垢效果，而且会带来负面效应，既造成酸的浪费，又会加速金属的腐蚀。

通常在室温下，酸洗液浓度控制在10%以下时，腐蚀速度较低，而超过10%以上，腐蚀速度就会很快上升。因此，锅炉酸洗时，酸洗液浓度不得高于10%；酸洗终点时，酸洗液浓度不宜大于3%，最好控制在1%以下。

69. 锅炉酸洗时酸洗液的温度对清洗有何影响?

答：温度对化学清洗的影响非常大，酸洗温度升高可加快化学反应速度。实验表明，温度与化学反应速度成几何级数关系，温度每升高 8 ~ 10℃，化学反应速度会增加一倍，因此适当提高清洗温度有利于提高除垢效果。但清洗温度较高时，大部分缓蚀剂的缓蚀效率明显降低，并且酸与金属的反应速度也随之加快，因此酸洗液温度升高，将会促进金属的腐蚀，锅炉酸洗时对酸液温度必须严格控制。一般采用无机酸清洗除垢时，酸洗液温度应控制在 40 ~ 60℃之间，一般不允许超过 65℃，并且一般应预先把水加热到一定温度后再配制酸洗液，酸洗过程中尽量避免再加热。

70. 锅炉酸洗时酸洗时间对清洗有何影响?

答：锅炉化学清洗过程中垢与清洗剂进行化学反应，垢的溶解、松动、剥离、脱落都需要一定时间。一般来说，清洗时间足够长，是保证除垢效果的重要因素。但清洗时间也不能过长，否则会产生过洗，增加金属腐蚀量，造成不必要的损失。

71. 锅炉酸洗时应如何控制清洗时间?

答：控制合适的化学清洗时间是确保清洗质量的关键之一。清洗时间的控制应参考模拟试验的结果，并根据酸洗中监视管的情况和化验结果来判断酸洗终点。但模拟试验与实际情况仍有区别，因此不宜事先把酸洗时间定死，在化学清洗中只要腐蚀总量不超标，且能彻底除垢的时间就是合理的酸洗时间。

一般情况下用无机酸清洗新建锅炉，应控制在 8 ~ 10h，运行锅炉清洗应控制在 10 ~ 12h（在腐蚀总量不超标的前提下，最终以彻底除垢的时间为准）。有机酸清洗一般要比无机酸清洗时间长，易溶垢在 12 ~ 14h；难溶垢根据除垢效果确定，最终的清洗时间在 16 ~ 24h，甚至更长时间。

72. 锅炉酸洗时清洗流速对化学清洗有何影响?

答：清洗流速是锅炉化学清洗四大关键因素之一。流速主要体现垢的表面与药液接触更新的快慢，流速快，更新快，溶解垢（或剥离）的速度就越快，除垢效果越好，反之除垢效果越差，尤其对于难溶垢，流速因素显得非常重要，应想方设法确保清洗流速。另外在加热过程中，流速越快，清洗溶液在清洗回路中的温度就越均匀。清洗流速快，可以适当降低药液浓度或清洗温度，这对于环保、安全和降低成本都是有利的。但流速过快（大于1m/s），也会致使腐蚀速度超标，有的甚至发生粗晶析出的过洗现象。因此，清洗流速应控制在一定范围。

73. 锅炉酸洗时应当如何控制清洗流速?

答：通常提高清洗流速的方法有：

（1）尽量减小清洗回路通流截面积（如将大回路拆分为小回路）。

（2）尽量选择大流量清洗泵或使两台清洗泵并列运行。

（3）充分利用电厂的永久设备（如尽量选择炉水泵、前置泵等永久设备作为清洗泵等）。

由于缓蚀剂性能的改善，扩大了清洗流速的限制范围，一般来说酸洗流速可控制在0.15～1.0m/s范围内。但清洗流速的确定还应结合清洗温度、浓度、时间及除垢的难易程度等多个因素综合考虑。对于水冲洗的流速，在条件允许的情况下流速越快越好。为了达到较快的冲洗流速，通常使用的方法为“稳流供水、变流冲洗”，充分利用锅炉的静压头，使流量瞬间突增、短时间超流量冲洗后再停止排放，用间断式、脉冲式冲洗方式进行水冲洗，以达到最佳冲洗效果。

74. 用盐酸清洗锅炉时通常如何判断清洗终点？

答： 锅炉酸洗终点判断是否准确，是决定锅炉酸洗效果的关键之一。酸洗终点可由下列指标的变化来判断：

（1）酸的浓度趋于稳定不变。

（2）清洗碳酸盐水垢时，基本上无二氧化碳气泡产生。

（3）二价铁离子的浓度上升到一个稳定值。

（4）三价铁离子浓度已越过高峰，并趋于下降。

75. 什么是化学清洗监视管？

答： 在化学清洗过程中，对被清洗锅炉的水冷壁、省煤器进行割管，做成带法兰或在样管内另附加腐蚀指示片、垢片的管段，安装在锅炉水冷壁上，对酸洗过程及以后的每一个工艺步骤都可以进行直观的在线监督，这个装置就称为化学清洗监视管。

76. 锅炉酸洗时监视管的作用及安装位置要求有哪些？

答： 锅炉酸洗时，酸洗液、缓蚀剂的浓度、温度、流速及酸洗时间等各项酸洗控制指标的确定，都是以小型模拟实验的最佳结果为依据的。为了及时掌握酸洗的真实情况，电站锅炉清洗大多设有1～2个监视管段，作为直观地判断酸洗终点的重要依据之一。其中一个监视管段中装设腐蚀指示片，直至酸洗结束才拆下来，可避免暴露空气，并使该管段的酸洗工况与锅炉清洗基本一致。另一个监视管段监视清洗情况，在酸洗过程中可将监视管段拆下检查，监督酸洗全过程，即可避免发生锅炉酸洗除垢不彻底、酸洗过度或产生镀铜现象。酸洗过程中，通过对监视管的检查，可以直接确定酸洗的终点，在漂洗、钝化及化学清洗结束，它都可以及时、直观地反映真实情况，因此监视管段的设置是化学清洗全过程质量监督的最重要环节。酸洗时必须确保监视管内的浓度、流速、温度、时间与化学清洗的实际工况一致。一般进行锅炉清洗时，监视管应安装在水冷壁及省煤器水循环最差的位置上，新建锅炉也可安装在清洗循环泵出口的旁路上。

77. 为什么在锅炉酸洗的临时系统中不得采用含有铜部件的阀门、流量计和考克？

答：酸洗时酸液会对阀门的铜密封面或铜部件产生腐蚀，使其密封失效，而且因腐蚀产生的铜离子与金属铁相遇，会加速金属铁阳极电化学腐蚀过程，使金属铁得到电子变成铁离子进入溶液中。铜离子失去电子后在金属铁表面析出金属铜，在汽包或炉管的内表面出现镀铜现象，并使金属铁和铜又形成新的阴极和阳极，进一步促进金属铁的电化学腐蚀，同时致使清洗后的金属表面也无法生成致密的钝化膜。铜会给化学清洗带来很多危害，因此在锅炉酸洗的临时系统中不得采用含有铜部件的阀门、流量计和考克等。

78. 锅炉酸洗后为什么要进行钝化处理？

答：锅炉经酸洗除垢后，暴露在大气中的金属表面非常活泼，即使在空气或水中也会与腐蚀性物质（如 H^+、O_2）反应形成二次腐蚀。而酸洗后立即进行钝化处理，就能在金属表面形成致密的钝化保护膜，防止金属受到腐蚀。

79. 如何提高钝化膜质量、延长钝化膜的有效寿命？

答：提高钝化膜质量的措施有：

（1）确保钝化前被清洗的金属表面洁净度是提高除垢率、防止“二次锈”和提高漂洗质量的关键。另外，设法降低钝化液中的含铁量也非常重要。

（2）选择性能较好的钝化剂。亚硝酸钠钝化效果最好，能用亚硝酸钠钝化的尽量用亚硝酸钠，但钝化的废液必须处理彻底。需注意的是，由于亚硝酸钠的钝化膜表面残留钠盐比较多，因此不宜用作直流炉、过热器的钝化。

（3）摈弃较差的钝化剂。对于电站锅炉来说，磷酸盐钝化膜的缺点是在锅炉启动时会产生酸性炉水，若控制不当会造成腐蚀，同时废液中含磷不利于环保，因此尽量不使用磷酸盐作为钝化剂。

（4）选择先进的钝化工艺。无论无机酸还是有机酸清洗，采用复合钝化剂可明显改善钝化膜质量。

延长钝化膜有效寿命最有效的方法是在钝化结束后立即将炉管干燥，并保持炉管内的干燥。另外，要遵守 DL/T 794—2012《火力发电厂锅炉化学清洗导则》的规定，锅炉在化学清洗后 20 天内必须投入运行，否则还须要采取其他防蚀保护措施。

80. 酸洗后水冲洗的重要性体现在哪些方面？

答：酸洗后被清洗的金属表面非常活泼（EDTA 清洗除外），在 pH 值为 4.5 ～ 8.5 的工况下，金属表面遇到氧就很容易再次锈蚀。一般将酸洗后水冲洗时的 pH 值在 4.5 ～ 8.5 的范围，称为 pH 值危险区）。虽然水冲洗后还有漂洗工艺，但锅炉和热力系统内部有许多死角区或盲肠结构必须冲洗干净，如果这些区域冲洗没到位，残存的有害离子会逐步释放出来，给后续的钝化工艺造成不良后果。冲洗死角区和盲肠管段要注意掌握好时机，过早或过晚都会影响冲洗效果。冲洗时间过长也会产生严重的次锈蚀，使漂洗液中铁离子浓度成倍增加，也可能影响之后的钝化效果。

81. 酸洗后的水冲洗应注意哪些方面？

答：酸洗后（尤其是无机酸清洗后）进行水冲洗时应注意以下几点：

（1）首先要设法使 pH 值快速转换，即冲洗时让冲洗水瞬间滑过 pH 值危险区（pH 值在 4.5 ～ 8.5）。具体做法是在水冲洗的中期向冲洗用的除盐水均匀、少量地添加柠檬酸（为减少氧化腐蚀，同时可同步加一点还原剂），使经过锅炉的冲洗水始终保持 pH 值小于 4.2。

（2）待检测出水无机酸根小于 50mg/L 时，立即加氨，提高冲洗水的 pH 值，使其大于 9.0。使用这种基本无 pH 值危险区的冲洗方法可避免二次锈蚀的可能性，有时可以不必漂洗。

（3）为防止冲洗过程中金属表面氧化生锈，应尽量缩短冲洗时间，设法提高冲洗强度。

82. 为什么含奥氏体钢的热力设备系统不能用 Cl^- 含量大于 0.2mg/L 的除盐水进行水压试验？

答：超高压及以上机组的热力设备中高压给水阀门、主蒸汽管、过热器和再热器的材质含奥氏体钢，在水压试验时，Cl^- 会残留在管壁上，特别是设备缝隙接壤处有应力或残余应力集中的弯曲部分的钢表面。当温度大于 300℃及对应压力下就能使钢产生点蚀、晶间腐蚀及晶间应力腐蚀破裂，而造成重大设备损坏，被迫停机。随着水中 Cl^- 含量增加，相应的应力腐蚀破裂的温度和压力也相对降低。当 Cl^- 含量大于 5mg/L 时，奥氏体钢在 205℃下就会很快发生应力腐蚀破裂。不过若在无氧条件下，即使在温度 300℃、压力 8.9MPa、Cl^- 含量大于 5mg/L 时也不会产生应力腐蚀破裂。

奥氏体钢受 Cl^- 的腐蚀破裂必须有一定的残余应力、Cl^- 浓度、温度、压力及溶解氧浓度。当 Cl^-、O_2 浓度增加时，应力腐蚀破裂的温度和压力相应降低，因此要求亚临界汽包锅炉的炉水 Cl^- 含量不大于 1 mg/L，超临界锅炉的给水 Cl^- 含量不大于 2mg/L。

83. 什么是开路清洗？

答：主清洗介质从系统的初始端注入，末端排出，不再参与循环的一次性清洗方法称为开路清洗，或称为贯流清洗。

84. 开路清洗的特点及优缺点有哪些?

答: 开路清洗只适用于流程长、垢物易清除的设备或管道，如新建直流锅炉的省煤器和蒸发受热面（水冷壁）及过热器串联清洗的塔式锅炉。清洗介质必须具备很强的除垢能力，并且不会产生晶间腐蚀，如氢氟酸或加氟化物的硫酸、柠檬酸。

开路清洗的特点是介质和被清洗表面仅有一次性的接触，要求清洗介质在低温时的溶垢能力强。氢氟酸理论计算表明，每升氢氟酸可以溶解 10.4g 氧化铁。试验证明 0.1%的氢氟酸在 30 ~ 40℃ 时溶解氧化铁的能力可达理论量的 65%，1%氢氟酸除垢能力就能达理论量的 95%。开路清洗的优点是清洗介质一次性通过清洗表面后即被排出，有害离子（高价铁离子、铜离子）及杂质与被清洗表面的接触时间最短，残流不易沉积，金属腐蚀总最也很小（一般多在 $20g/m^3$ 以内，甚至在 $10g/m^3$ 以内）。其缺点是清洗液不能循环利用，清洗液的浓度、流速、温度可调节的范围很窄，各项参数必须精准控制，分析化验要求快速、准确无误，因此，所需的专用设备很多，操作难度高。开路清洗药液用量大，有毒废液处理复杂。

85. 什么是闭路清洗?

答: 主清洗介质在清洗系统闭环回路中往复循环的清洗过程称为闭路清洗，又称为循环清洗。

86. 闭路清洗的优点有哪些?

答: 闭路清洗可以使清洗介质与被清洗表面的接触次数成十倍甚至上百倍的增加，使介质的化学溶垢能力得到大幅度提升和充分利用。闭路清洗应用最为广泛，适用于所有的清洗介质。针对溶垢的难易程度可对温度、浓度、流速和时间进行合理调节。通过清洗小型试验和对循环强度的设定，可以筛选出最佳的清洗配方、清洗工艺，保证清洗的质量。

87. 什么是半开半闭式清洗？

答：对清洗工艺而言，既进行开路清洗，又进行循环清洗的方法称为半开半闭式清洗。

88. 半开半闭式清洗的优缺点有哪些？

答：半开半闭式清洗主要适用于难溶垢或高垢量的高参数锅炉或加热器。对于垢量和清洗面积都很大，而水容积很小的设备（如运行直流炉或换热设备），尤其是局部垢量很大的运行汽包炉、过热器可先采取开路清洗，将铁离子浓度较高的清洗液排掉，然后再用新鲜的清洗液进行循环清洗。例如柠檬酸清洗运行直流锅炉，因流程长，可采用半开半闭式清洗。半开半闭式清洗集中了开路清洗与闭路清洗的优点，先在开路清洗中除去高浓度的铁离子，使后续的循环清洗中全铁含量控制在允许的极限浓度以内（饱和浓度以下）。由于酸洗液中有害离子浓度保持在低水平条件下，在循环清洗时，既可降低金属的腐蚀，又可提高除垢率，从而确保化学清洗质量。半开半闭式清洗的缺点是清洗操作难度增加，要求必须对酸洗工作非常熟练并能及时控制铁离子的高峰点（尤其对直流锅炉）。由于这种清洗模式使清洗液用量大幅增加，因而也增加了废液处理的工作量。

89. 柠檬酸清洗时为什么要加氨水调节 pH 值？

答：柠檬酸是有机弱酸，在水溶液中电离出的 H^+ 很少，对氧化铁垢溶解能力差，而且单一柠檬酸清洗锅炉时容易产生柠檬酸铁沉淀。当采用 3% 柠檬酸溶垢时，溶液中铁离子浓度达到 0.55% 就会产生沉淀，而且沉淀一旦产生，即使补加新柠檬酸溶液也于事无补。在柠檬酸清洗液配制时，采用加氨调 pH 值至 3.5 ~ 4，即生成柠檬酸单铵，可与铁离子形成可溶性络合物，能有效防止柠檬酸铁沉淀发生。用柠檬酸单铵清洗锅炉还可有效防止 Fe^{3+} 对基体金属的腐蚀，适用于清洗以氧化铁垢为主的新建机组锅炉或运行锅炉，既适合超高压、亚临界汽包锅炉和炉前系统的酸洗，也适合过热器、再热器及主蒸汽管道的酸洗，更适合亚临界以上乃至超超临界直流锅炉和燃油锅炉。应注意的是，当垢量太高时，若配药方法不当，仍会产生柠檬酸铁沉淀。

90. 防止产生柠檬酸清洗污垢沉积和堵管的措施有哪些？

答：（1）采用交变流量清洗。有时一台清洗泵运行，有时双泵运行，增大清洗流速，依次酸洗直至水冷壁和省煤器管清洗干净，化验铁离子平衡为止。

（2）酸洗中应将大量的沉积物及时排出，以免产生沉积和堵管。开始阶段采用半开半闭式清洗，维持柠檬酸残余浓度大于 1%，pH 值为 3.5 ~ 4.0，总铁含量 7000mg/L，Fe^{3+} 含量小于 300mg/L。当总铁含量过高时，采用顶排更换新的清洗液，使锅炉水冷壁和省煤器管经常接触新鲜的清洗液，提高清洗效果和钝化效果。

（3）为防止产生柠檬酸铁沉淀，在顶排时应放慢顶排速度，并采用温水顶排，以免清洗液温度变化过快。

（4）延长清洗时间至 20h 左右。

无论采用柠檬酸漂洗或柠檬酸单铵洗炉，若配药不当都会在清洗初期发生沉淀问题，在清洗过程中也会发生沉淀问题。清洗液需在清洗箱内配好后再打入锅内为宜，若采用大循环配药，应将柠檬酸和氨水按比例同时加入，否则就变成单一柠檬酸配药方式，不可避免地会产生柠檬酸铁沉淀。清洗过程中，因为铁离子浓度不小于饱和浓度后 1h 就会发生沉淀，所以 3% 柠檬酸单铵清洗液中应控制铁离子浓度不大于 0.80%（8000 mg/L）。柠檬酸单铵与铁离子按 1∶4 络合比清洗时，4% 柠檬酸溶液中铁离子浓度不大于 1.3%。在 0.2% ~ 0.3% 柠檬酸漂洗液中，铁离子浓度不能大于 400 ~ 600mg/L 的高限值。

91. 什么是 EDTA（乙二胺四乙酸）的高温清洗和低温清洗？

答：通常把 EDTA 清洗的温度控制在 120 ~ 140℃范围内的，称为高温清洗；把 EDTA 清洗温度控制在 85 ~ 95℃范围内的，称为低温清洗。

92. EDTA 的高温清洗和低温清洗各有什么特点？

答：EDTA 高温清洗对含有大量锈蚀产物的新建锅炉或垢量较多、难以清除的运行炉比较有效。因为清洗时压力高、温度高，循环系统要求必须是密闭的，所以 EDTA 高温清洗在安全措施方面要求非常高，如临时系统的法兰或焊口不允许出现泄漏，清洗中补加药剂应有专门的高压加药泵。一般清洗循环管道多使用焊接管道（如果选用法兰式，标准管道要采取特殊安全措施）。EDTA 高温清洗多数采用锅炉点火方式升温，温度高于 140℃时 EDTA 就会开始出现分解，若使用大油枪或投煤粉加热，会更加促使 EDTA 大量分解。如若不点火加热，在循环系统上使用高、低压加热器或临时表面式加热器用蒸汽进行加热，可以避免 EDTA 的大量分解。

EDTA 低温清洗对新建锅炉比较有效，但它的除垢能力明显低于 EDTA 高温清洗，因此其清洗对象一般也只限于新建锅炉的清洗。因为 EDTA 低温清洗的清洗温度低、压力低，所以清洗循环时间要比高温清洗时间长，但相对比较安全。清洗管道可以使用法兰式标准管道，法兰垫片可使用 PVC 垫片，即可大幅减少现场焊接工作量和成本。EDTA 低温清洗一般用蒸汽加热即可满足要求，无需采用锅炉点火方式升温。因为蒸汽加热温度低，而且均匀，不会造成 EDTA 分解，所以 EDTA 低温清洗既安全可靠、简单方便，还可节约药品。

93. 为什么过热器和再热器一般不进行化学清洗？

答：（1）过热器和再热器化学清洗需要消除气塞。无论是新建锅炉还是运行锅炉，过热器和再热器的流通截面积比蒸发受热面（水冷壁）的截面积大一倍甚至数倍；与省煤器、水冷壁在布置上的区别是过热器布置在炉膛的上方空间、炉顶和烟道里，再热器都布置在烟道里；过热器和再热器结构由许多 W 形弯、U 形弯的垂直蛇形管组成（炉管为水平布置的塔式锅炉除外）。而酸洗过程中不允许有任何一根管子出现阻塞滞流，否则会有酸液在管内滞留，增大腐蚀风险。造成管子阻塞滞流的原因主要是蛇形垂直管内的气塞，要消除气塞，要求有巨大的冲通流量，冲洗速度需达到 1.6m/s 以上。而对再热器来说，冲洗流量要达到每小时上万吨才能满足要求。对清洗泵的流量和压头要求高，这将增加清洗的难度和设备的成本。对于新建锅炉，通常是将过热器和再热器与蒸汽管道一起用蒸汽吹扫的方式清除杂质，可以满足机组的启动要求。采用蒸汽中加氧吹扫效果更好，且安全、经济可靠。

（2）过热器、再热器管材质含有部分奥氏体钢，对清洗介质要求高。对于运行锅炉，沉积物一般为坚硬的磁性四氧化三铁，这种垢较难溶解，增加了化学清洗技术的难度，必须使用价格比较昂贵的有机酸，因此目前一般情况下过热器和再热器（除塔式锅炉外）都不进行化学清洗。

参考文献

[1] 刘珍 . 化验员读本 . 第 4 版 . 北京：化学工业出版社，2003.

[2] 电力行业职业技能鉴定指导中心 . 电厂水化验员 . 北京：中国电力出版社，2005.

[3] 电力行业职业技能鉴定指导中心 . 电厂水处理值班员 . 第 2 版 . 北京：中国电力出版社，2008.

[4] 周柏青，陈志和 . 热力发电厂水处理 . 第 4 版 . 北京：中国电力出版社，2009.

[5] 张子平，赵景光 . 化学运行与检修 1000 问 . 北京：中国电力出版社，2004.

[6] 火电厂水处理和水分析人员资格考核委员会 . 电力系统水处理培训教材 . 北京：中国电力出版社，2006.

[7]《火力发电职业技能培训教材》编委会 . 电厂化学设备运行复习题与题解 . 北京：中国电力出版社，2005.

[8] 常涣俊 . 电力企业技术监督实用手册 . 北京：中国电力出版社，2005.

[9] 郭迎利 . 电厂锅炉设备及运行 . 北京：中国电力出版社，2010.